Reinhard Lawall/Jürgen Schellschmidt

Orpington und Zwerg-Orpington

Reinhard Lawall/Jürgen Schellschmidt

Orpington und Zwerg-Orpington

7., aktualisierte Auflage

Überarbeitet von Edgar Kliewe und Jens Tammen

Oertel+Spörer

Bildnachweis
Titelbild: 1,0 Orpington gelb schwarzgesäumt. Foto: R. Proll
Innenteilbilder:
H. Demler: S. 26, 28 l., 43 o.
M. Mertensotto: S. 69
B. Nielsen: S. 66 u., 67, 68, 71, 73, 75, 76
R. Proll: S. 20 (2), 23 (2), 31 r., 41, 46, 48, 70 l.
H. Schellschmidt: S. 64, 65, 66 o., 74
H. und R. Wandelt: S. 72
Willig: S. 70 r.
J. Wolters: S. 28 r., 30, 31 l., 33, 36, 38, 43 u., 49

Haftungsausschluss
Die Hinweise in diesem Buch stammen vom Autor. Sie sind sorgfältig recherchiert. Es können jedoch keinerlei Garantien übernommen werden. Eine Haftung des Autors bzw. des Verlages und seiner Beauftragten für Personen-, Sach- und Vermögensschäden ist ausgeschlossen.

Bibliografische Informationen der Deutschen Nationalbibliothek
Die Deutsche Nationalbibliothek verzeichnet diese Publikation in der deutschen Nationalbibliografie; detaillierte bibliografische Daten sind im Internet über http://dnb.d-nb.de abrufbar.

7., überarbeitete und aktualisierte Auflage
Postfach 16 42 · 72706 Reutlingen

DTP und Repro: Raff digital GmbH, Riederich
Druck: Esser printSolutions GmbH
Printed in Germany
ISBN 978-3-88627-548-9

Inhaltsverzeichnis

Vorwort

Die Orpington und Zwerg-Orpington erfreuen sich sowohl bei Rassegeflügelzüchtern als auch bei Hobbyhaltern im heimischen Garten einer immer weiter steigenden Beliebtheit. Das ruhige und zutrauliche Wesen in Kombination mit der wuchtigen Erscheinung spricht einfach an. Umso mehr freuen sich die beiden betreuenden Sondervereine der Deutschen Orpington und Zwerg-Orpington-Züchter über das Angebot des Verlages Oertel+Spörer, in der Reihe Expertenwissen Geflügelzucht eine neu überarbeitete Schrift über die Orpington der Groß- und Zwergrasse zu veröffentlichen.

Die jahrelangen Verhandlungen und Bemühungen der beiden Sondervereine haben zu einem fruchtbaren Ergebnis geführt, über das sich alle Liebhaber dieser Rassen freuen dürfen: Es gibt keinerlei Unterschiede mehr! Doch – einen Unterschied gibt es nach wie vor: die Größe!
Ansonsten haben sich die beiden Sondervereine im gegenseitigen Einvernehmen mit dem Bundeszucht- und Anerkennungsausschuss auf eine einheitliche „Linie" festgelegt.

Die Anpassung der Farbenschläge kann als großer Fortschritt bezeichnet werden. Heute sind es zwölf anerkannte Farben bei den großen Orpington, die ihre Ergänzung in den gelben und schwarzen mit Rosenkamm finden. Bei den Zwerg-Orpington kann der geneigte Züchter und Liebhaber mittlerweile aus 14 verschiedenen Varianten auswählen. Für alle Orpingtonfreunde gibt es also ein buntes Angebot, bei dem jeder auf der Suche nach dem passenden Huhn fündig werden sollte.

Diese 7., überarbeitete und aktualisierte Auflage wird ein guter Wegweiser sein. Möge sie dazu beitragen, dass in weiten Kreisen der Rassegeflügelzüchter das Interesse für die Orpington- und Zwerg-Orpington-Zucht anhält und auch noch weiter wächst. Besonders dem Anfänger wird dieses Werk ein gutes Lehrbuch sein, aber auch die versierten Züchter werden einige interessante Anregungen und Hinweise darin finden.

Bei Rückfragen – gleich welcher Art – ist eine Kontaktaufnahme mit den Autoren Reinhard Lawall (Zuchtwart große Orpington) oder Jens Tammen (Zuchtwart Zwerg Orpington) jederzeit möglich.

Die Sondervereine sind auch im Internet vertreten.
Großrasse unter: www.sv-orpington.de
Zwerge unter: www.zwerg-orpington.de

Unser besonderer Dank gilt sowohl dem Verlag für die Herausgabe der Schrift als auch dem verstorbenen Ehrenvorsitzenden des Sondervereins Deutscher Orpingtonzüchter, Rolf Daubenthaler, der uns grundlegende Hilfestellung mit seinem Buch „Die Orpington mit ihren Farben" gab.

Reinhard Lawall
Hauptzuchtwart
des SV Deutscher
Orpington-Züchter

Jens Tammen
Hauptzuchtwart
des SV der
Zwerg-Orpington-Züchter

Der typische Orpingtonkopf nach Meißner

Orpington

Von Reinhard Lawall, Alzey-Heimersheim

Entstehung der Orpingtonzucht

Ein wichtiger Bestandteil dieser Broschüre und das Ergebnis jahrelanger gemeinsamer Arbeit beider Sondervereine sei hier einmal vorweggenommen: Ausschließlich die Größe unterscheidet die Großrasse von den Zwergen!

In den einzelnen Farbenschlägen – ob bei der Großrasse oder den Zwergen – ist die Musterbeschreibung identisch!

Beim Haushuhn unterscheiden wir zwei Haupttypen. Es sind die Asiaten und der Mittelmeertyp. Beide besitzen unterschiedliche Vorteile.

Die Asiaten sind schwere, flugungewandte, zutrauliche Hühner. Sie besitzen viel Brutlust, legen farbige Eier, besitzen rote Ohrlappen. Die Federn sind relativ kurz und flaumreich. Die Tiere sind erst relativ spät geschlechtsreif. In den dicht bevölkerten Gebieten Chinas bildeten die Menschen durch Zuchtwahl diese Fleischtiere heraus; Eiererzeugung spielte eine untergeordnete Rolle. Das sehr dichte Gefieder schützt diese Tiere sehr gut vor winterlicher Kälte und ist daher der Erzeugung von Eiern in der kalten Jahreszeit förderlich. Die Eier sind aber im Vergleich zu der enormen Körpergröße der Tiere eher klein.

Hingegen sind die Hühner des Mittelmeertyps leicht gebaut und relativ fluggewandt und flüchtig. Sie besitzen in der Regel weiße Ohrscheiben und legen viele weiße Eier, die, gemessen am geringen Rumpfvolumen der Hennen, recht groß sind. Die Tiere befiedern sich schneller als die Asiaten, sind früh geschlechtsreif und werden selten brütig.

Was lag näher als der Wunsch, die Vorteile dieser Hühnertypen in einer Rasse zu vereinen, ein sogenanntes Zwiehuhn zu schaffen. Man wollte einen möglichst großen Fleischansatz, viele große Eier, und zwar auch im Winter. Außerdem wünschte man zutrauliche, nicht scheue Hühner und zuverlässige Brüterinnen.

Nach vielerlei Fehlschlägen gelang es zunächst in Amerika, dieses Ziel zu erreichen. Im letzten Drittel des 19. Jahrhunderts entstanden dort die Plymouth Rocks, die Wyandotten und die Rhodeländer. In Europa waren es die Engländer, die mit der Erzüchtung der Orpington das gesteckte Ziel erreichten. Heinz Wolff nennt es in seiner SV-Schrift aus dem Jahr 1982/83 „die Großtat eines einzelnen Mannes, nämlich William Cook“.

Nutzeigenschaften im Vordergrund

Es waren allerdings zunächst die Nutzeigenschaften, die den cleveren Geschäftsmann William Cook zur Erzüchtung der Orpington veranlassten. Dies ist allerdings nichts Negatives, denn William Cook war nicht nur Geflügelzüchter, sondern zugleich Journalist und Herausgeber von Geflügelliteratur sowie Vertreiber von Zuchtbedarf aller Art. Er verdiente also damit seinen Lebensunterhalt. Der Erzüchter benannte die neue Rasse nach seinem Wohnsitz „Orpington House“, der nicht weit von der Eisenbahnstation St. Mary Cray in der südenglischen Grafschaft Kent, etwa drei Kilometer von der eigentlichen Ortschaft entfernt, lag.

Cook schuf die Rasse hauptsächlich für den englischen Markt und rechnete sich Verkaufschancen aus. Nach seinen eigenen Angaben wollte er im Orpingtonhuhn all die guten Eigenschaften vereinen, die in den verschiedenen Rassen und Landhuhnschlägen gefunden werden. Allerdings kalkulierte der Erzüchter von Anfang an auch mit dem Ausstellungswert der zu schaffenden Tiere, denn auch dies versprach Umsatz, gerade im damaligen England.

„Die Rassegeflügelzucht ist voll von Beispielen", schreibt Wandelt in seinem Handbuch der Hühnerrassen, „wie aus einst reinem Nutzgeflügel durchaus charakteristische Schaurassen werden konnten. Aber kaum eine andere Rasse hat eine den Orpington vergleichbare, solch drastische Wandlung vom ‚bloßen Verkaufsschlager' eines cleveren Geschäftsmannes zum erstaunlich populären Schauhuhn allerersten Ranges mit eigentlich unverwechselbaren Konturen vollziehen können."

Die neue Rasse war also zunächst auf Vermarktung ausgerichtet. Daher mussten die neuen Hühner von weißer Hautfarbe sein, denn diese wurden von den englischen Hausfrauen bevorzugt, im Gegensatz zu Amerika, wo gelbhäutige Schlachtkörper verlangt wurden. Schließlich sollten die Tiere ein schwarzes Gefieder besitzen, denn solche Tiere waren relativ pflegeleicht, und es waren kaum Farbfehler in der Zucht zu erwarten. Somit glaubte Cook zu Recht, der Rasse sei eine gute Chance als Ausstellungshuhn vorherbestimmt.

Schritte der Erzüchtung

Cook selbst machte Angaben über die Erzüchtung, allerdings geht man heute davon aus, dass diese nicht unbedingt den Tatsachen entsprechen müssen, denn als Geschäftsmann versuchte Cook offenbar durch bewusst falsche Angaben eventuelle Nachahmer in die Irre zu führen. Bereits Dürigen (1921) prangerte die Angaben des Erzüchters als Geheimniskrämerei an.

Cook berichtet: „Ich begann mit einer Paarung von Minorkahähnen mit schwarzen Rockshennen und gab dann zu den Kreuzungshennen einen Langschanhahn. Dabei ist zu erwähnen, dass ich Tiere benutzte, die für die Ausstellung wertlos waren, so Minorkahähne mit Rot in den Ohrscheiben, die daher in der Reinzucht unbrauchbar erschienen; die schwarzen Rockshennen wurden ebenfalls von den Ausstellern beseitigt, da sie nur Rückschläge waren, und auch die benutzten glatten Langschan waren für die eigentliche Reinzucht nicht zu gebrauchen."

Aus der Nachzucht wählte Cook vier Stämme aus, die er rationell weiterzüchtete, und bezeichnete nach Verlauf von fünf Jahren die neue Rasse als konstant. In der Tat galten in den Siebzigerjahren des 19. Jahrhunderts die schwarzen Minorka als hervorragende Legerasse. Die gestreiften Plymouth Rocks waren die verbreitetste Rasse unter den Halbasiaten, aus ihnen fielen die Schwarzen, die Cook verwendet hat. Die Langschan kamen zu dieser Zeit stark auf, wurden aber in England nur federfüßig gezüchtet, aus denen aber ab und an Glattfüßige fielen.

Von der Verwendung der beschriebenen Ausfalltiere aus den Zuchten der Minorka, Plymouth Rocks und Langschan erhoffte sich Cook eine Steigerung der Wirtschaftlichkeit. Bekanntlich ist die Lebenskraft der F1-Generation aus der Kreuzung ingezüchteter Rassen stark gesteigert, man spricht vom Heterosiseffekt, den sich heute die Hybridzucht zunutze macht. Aufgrund der verwendeten Rassen entstand folglich ein sehr wirtschaftliches Huhn, das Cook sehr gut vermarkten konnte.

Vom Zwiehuhn par excellence zum Ausstellungstier

Diese Cook'schen Orpington, die damals noch völlig anders aussahen als unsere Orpington heute, müssen wirklich sehr gute Nutzhühner gewesen sein. Es waren fleißige Leger ziemlich großer Eier, die auch den Winter hindurch legten. Es waren gute, frühe Brüter, die aber nicht mit der Hartnäckigkeit der echten Asiaten ihrem Brutgeschäft nachgingen. Diese Orpington waren für ihre Größe ziemlich schnellwüchsig, dabei feinfleischig und sehr mästbar.

Diese Tiere stellten folglich das gewünschte Zwiehuhn par excellence dar. Ihr Aussehen allerdings war recht unterschiedlich.

Im Jahr 1908 schrieb Baldamus: „Wenn all diese Arten (gemeint sind die damals bereits existierenden Farbenschläge Schwarz, Gelb, Weiß, Diamant-Jubilee = Porzellanfarbig, Getupfte = Schwarz-Weißgescheckte, jeweils mit und ohne Rosenkamm) sich wirtschaftlich gut bewährt haben, so ist es darauf zurückzuführen, dass sie ziemlich konstant gewordene Kreuzungen jüngeren Datums sind. Wieweit ihnen bei weiterer scharfer Schauzüchtung dieser Wert erhalten bleibt, muss abgewartet werden. Noch haben sie ihn nicht verloren."

Tatsächlich gingen, als sich die Schauzucht sehr bald dieser Orpington annahm, die wirtschaftlichen Merkmale nach und nach immer mehr zurück. Dies gilt vor allem für die Schwarzen. Die Australier haben die Rasse im ursprünglichen Sinne des Erzüchters weitergezüchtet und in den Australorps eine eigene Zuchtrichtung geschaffen, die sich als Leger mit Höchstleistungen vorstellt.

1886 stellte Cook seine Schöpfung auf der Kristallpalastschau in London und Birmingham erstmals außer Wettbewerb vor. Gleichzeitig wies er in der Fachpresse auf die neue Rasse hin. Eine neue wirtschaftliche Ausstellungsrasse weckte zur damaligen Zeit das Interesse vieler Geflügelzüchter.

In der Folgezeit verbreitete Cook seine Züchtung. Sie war allerdings formlich noch weitgehend unterschiedlich, das heißt, der Typ war nicht festgelegt. Bei Ausstellungen sah man denn auch die unterschiedlichsten Orpington, oft gehörten diese dann sogar einem Züchter. Man warf Cook vor, dass sich die Tiere nur wenig von den Langschan unterschieden, die damals noch nicht so hoch gestellt waren, wie wir sie heute kennen. Es war sogar so, dass später in Deutschland die Langschan erst aufgrund des Auftretens der Orpington im Stand höher gezüchtet wurden, um sie von diesen abzusetzen. So berichtet die „Deutsche Geflügel-Zeitung" 1930: „Noch bis zum Jahr 1905 war eine Verwechslung von schwarzen Langschans und schwarzen Orpingtons durchaus möglich, und der Verfasser erinnert sich, dass er als Ausstellungsleiter im Jahr 1905 von dem bekannten Preisrichter Carl Seifert, Berlin, gefragt wurde, ob die ausgestellten Tiere als Orpingtons oder Langschans gemeldet seien."

Noch bevor die Orpington nach Deutschland kamen, hatten sie im Mutterland eine grundlegende Wandlung des Typs erfahren: Josef Partington, bekannter Cochinzüchter, hatte in die Orpington seine Cochin eingekreuzt. Das Ergebnis waren Tiere, die die bisherigen an Größe und Schwere übertrafen. Sie hatten ein sehr reiches und bauschiges Gefieder und prächtigen Gefiederglanz und waren etwas tiefer gestellt. Diese Orpington zeigte Partington 1891, also fünf Jahre nach der Vorstellung von Cook auf der Dairyschau in London.

Baldamus behauptet 1908 sogar: „Die schönsten schwarzen Orpingtons stammen aus der Zucht von J. Partington, der behauptet, keine Spur Blut des Cookschen Stammes in seinen Tieren zu haben."

Ohne die Umzüchtung der Orpington auf die Partington-Linie wäre die Rasse wohl nie zu dem geworden, was wir heute so an ihr lieben. Erst durch diese Umzüchtung wurden die Grundlagen für die heute verlangte ausladende, wuchtige Würfelform geschaffen. Ja, man stellte in England sogar bereits Überlegungen an, die Orpington als schwarzen Farbenschlag den seinerzeit populären gelben Lincolnshire Buff anzugliedern.

Nun zeigte sich die Geschäftstüchtigkeit des William Cook: Er erkannte, dass die Tiere Partingtons dem Geschmack der damaligen Geflügelzüchter wesentlich mehr entsprachen als die von ihm bislang verfolgte Zuchtrichtung. Schleunigst passte sich Cook daher dem neuen Modetrend an und züchtete seine Linie um, behielt aber auch die alte Zuchtrichtung bei. Diese Tiere mit Cochinblut verkaufte er als Ausstellungstyp seiner Wirtschaftsorpington. Somit lief das Geschäft jetzt sogar zweigleisig. Die Ausstellungstiere wurden in England als Modehühner zu sehr hohen Preisen verkauft.

Rassemerkmale unserer Orpington

Die arteigene Würfelform der Orpington ist das Typische für die Rasse und bestimmt den Gesamteindruck: eine durch stattliche Größe und die allseits ausladende Würfelform wuchtige Erscheinung, bei der sich Körperhöhe und Körperbreite annähernd der Körperlänge angleichen; Tiere mit starker, nicht lockerer Befiederung und ziemlich tiefer Stellung bei würdevoller Haltung, wobei die Henne noch gedrungener in der Form erscheint als der Hahn.

Bei der Bewertung wird daher in erster Linie auf diese typische Figur geachtet. „Erst die Form, dann die Farbe", heißt ein uralter Grundsatz. Die arteigene Linienführung der Würfelform der Orpington muss sich der Preisrichter, aber auch der Züchter, fest einprägen, quasi als anzustrebendes Idealbild in der Vorstellung immer abrufbereit in sich tragen.

Beim Sehen führt der Mensch die Form zunächst auf wenige Linien zurück. Im Vordergrund steht dabei die Konturenlinie, die einen Gegenstand oder ein Tier im Umriss wiedergibt. Dabei rechnet der Betrachter die Umrisslinie immer zur Fläche oder zum Körper, den sie umgibt, nie zur Außenfläche. Allein durch diese Linie sind die Orpington für jedermann, der seinen Blick wie wir Züchter oder Preisrichter für das Formensehen geschult hat, zu identifizieren. Wir sehen eine Kontur nicht nur als Linie, sondern wir erkennen sie als ein Zeichen des Körpers, den sie umgibt. Dies geschieht ganz spontan. So vergleicht der Züchter in Sekundenbruchteilen das vor ihm stehende Orpingtonhuhn mit dem im Gehirn gespeicherten Idealbild und beurteilt das Tier als gut, schlecht oder überdurchschnittlich. Von Züchtern, die dies besonders gut können, sagen wir, sie hätten ein gutes Auge.

Aus dem Dargelegten ergibt sich auch, warum öfters einmal Orpington hoch bewertet werden, obwohl ihnen die geforderte Rumpfbreite fehlt: Der Preisrichter war begeistert von der Konturenlinie, die Beurteilung der Rumpfbreite hat er darüber völlig vergessen. Hier fehlte das räumliche Sehen.

Manchmal hört man, die dargestellte Art des Sehens sei nicht erlernbar, sondern angeboren. Es ist allerdings unumstritten, dass jeder dieses besondere Formensehen erlernen kann, wenn er dazu angehalten wird und dies übt. Nichts anderes geschieht in den Übungen auf Kunstakademien, wo die Studenten mehrere Semester lang Akte zeichnen müssen, um das richtige Sehen zur Formerfassung zu erlernen.

Blockige Wucht des Würfels

Die blockige Wucht des Orpingtonwürfels ist das wichtigste Zuchtziel. Dies wird erreicht durch eine tief herabreichende Brust in massiger Breite und einen eher tiefen Stand. Erst die ausgeprägte, besonders voll entwickelte Brust, die tief herunterreichen muss, lässt unsere Orpington so wuchtig erscheinen. Werden die Läufe zu lang, geht die wuchtige Würfelwirkung verloren. Bei Hennen gelten etwa drei Finger breit Bodenfreiheit als Maß. Hähne stehen nur wenig höher, man spricht von etwa einer Handbreite. Die Schenkel sind völlig vom flaumreichen, aber anliegenden Gefieder versteckt.

Am Bauch oder Hinterteil steigt die Linie weit ausholend wieder voll geschwungen an. Ein fetter Hängebauch stört. Die Kontur wird hier durch das flaumreiche Gefieder gebildet. Schenkelpolster sollen sich dem Körper harmonisch anpassen, sie dürfen nicht ausladend sein, um die allseits gewünschten Rundungen nicht zu stören. Auch ein seitlich abstehender Sattel stört die Harmonie. Er lässt sich übrigens beim Hahn meist durch die Wegnahme von etwas Flaumgefieder unter den Behangfedern leicht entfernen. Eine kielige Unterlinie, gebildet durch von beiden Seiten spitz gegeneinander wachsende, eine Art Kamm bildende Federn, ist ebenfalls abzulehnen. Man sieht dies bisweilen bei Hennen, die bereits Eier gelegt haben und lange auf dem Legenest gesessen haben. Dies sollte daher dann nicht zu sehr als wertmindernd angesehen werden, wenn der übrige Gesamteindruck der Wuchtigkeit stimmt.

Der nur mittellange, leicht gebogene Hals wirkt durch den vollen Behang stark, vor allem unten. Er wurde mit der Form eines Sektkorkens verglichen. Die vordere Halslinie muss harmonisch in die Vorderbrustlinie übergehen. Die hintere Halslinie bildet einen Teil der Oberlinie.

Stark geprägt: die Oberlinie

Die Hals-Rücken-Schwanz-Linie bildet einen ausgeglichenen Bogen. Der breite, aus den stark entwickelten, vom Halsbehang überwallten Schultern kommende Rücken erscheint dabei durch den zum Schwanz hin allmählich ansteigenden Sattel kurz. Er darf aber weder v-förmig sein, denn dann ist er zu kurz und die Oberlinie im Rücken zu spitz, noch u-förmig, denn dann ist er zu lang. Ist der Rücken zu kurz, wirkt auch meist die Rumpflänge zusammengeschoben. Die Rückenlinie ist im Idealfall ein Bogen aus Hinterhalslinie und Anstieg des Abschlusses, dessen tiefste Rundung den einzigen sichtbaren Teil des Rückens darstellt. Am schönsten ist es, wenn der Anstieg bis in Augenhöhe reicht.

Der Anstieg soll wiederum in einem schönen Bogen verlaufen, nicht völlig gerade wie bei Wyandotten gefordert, aber auch nicht mit einer kruppenartigen Aufpolsterung. Die Steigung darf auch nicht vorzeitig abkippen. Der höchste Punkt liegt nicht am Ende des Abschlusses, aber auch nicht in dessen Mitte, sondern kurz vor der Schwanzspitze. Der hintere Punkt des Abschlusses liegt etwa auf der Höhe der 3. Steuerfeder von oben.

Musterbeschreibung

Herkunft: Englische Züchtung. 1888/89 in Deutschland erstmalig ausgestellt.

Bedeutung: Vielseitiges Wirtschaftshuhn, das im Legen wie in der Fleischerzeugung hohe Ansprüche befriedigt. Schnellwüchsig und mastfähig.

Gesamteindruck: Eine wuchtige Erscheinung durch die stattliche Größe und die allseits ausladende Würfelform, sodass sich die Körperhöhe und die Körperbreite annähernd der Körperlänge angleichen. Mit starker, nicht zu lockerer Befiederung und ziemlich tiefer Stellung. Würdevolle Haltung und ruhiges Temperament.

Rassemerkmale Hahn:

Rumpf: Groß; massig; breit und tief; fast einen Würfel bildend.
Hals: Mittellang; stark durch den vollen Behang; leicht gebogen.
Rücken: Breit aus den stark entwickelten Schultern kommend; durch den überfallenden, reichen Halsbehang und den zum Schwanz allmählich ansteigenden, federreichen Sattel kurz erscheinend; die Hals-Rücken-Schwanz-Linie bildet einen ausgeglichenen Bogen.
Schultern: Stark entwickelt; breit.
Flügel: Klein; fest anliegend; waagrecht getragen.
Sattel: Breit; voll befiedert; zum Schwanz ansteigend.
Schwanz: Kurz; aus dem vollen Sattel sehr breit; möglichst bis in Augenhöhe ansteigend; Steuerfedern durch zahlreiche Sicheln möglichst verdeckt.
Brust: Tief; breit; besonders voll entwickelt.
Bauch: Breit; voll; tief; flaumreich befiedert.
Kopf: Klein; gut gerundet.
Gesicht: Rot; von feinem Gewebe.
Kamm: Einfach; aufrecht stehend; niedrig; gleichmäßig mit 4 oder 5 Zacken versehen; mit nicht zu breiter, dem Nacken folgender Fahne. Rosenkamm nur im Farbenschlag Gelb anerkannt.
Kehllappen: Mittelgroß; rund.
Ohrlappen: Rot; mittelgroß.
Augen: Farbe siehe unter Farbenschläge.
Schnabel: Kräftig; leicht gebogen; Farbe in Anlehnung an die Lauffarbe, meistens etwas heller.
Schenkel: Muskulös; durch flaumiges Gefieder verdeckt.
Läufe: Knapp mittellang; unbefiedert; breiter, eher tiefer, aber bodenfreier Stand; Farbe siehe unter Farbenschläge.
Zehen: Mittellang; gut gespreizt.
Gefieder: Voll; breit; wegen des vollen Flaumgefieders ziemlich weich, jedoch nicht zu locker.

Rassemerkmale Henne:

In der Form noch etwas gedrungener wirkend als der Hahn. Rücken noch deutlich sichtbar trotz der Federfülle in Hals- und Sattelbehang. Die ausgeglichene Bogenlinie vom Kopf über Hals, Rücken und Sattel bis zum Schwanzende muss gewahrt bleiben. Sattel sehr breit. Schwanz kurz und breit, die Steuerfedern von den langen Deckfedern fast eingedeckt, hoch getragen. Der höchste Punkt des Schwanzes liegt kurz vor dem Schwanzende. Der äußerste Punkt nach hinten liegt nicht in der oberen, sondern ungefähr an der dritten Steuerfeder. Im Stand breit und tief, aber bodenfrei.

Grobe Fehler Rassemerkmale:
Schmaler Körper; Cochinform; Rückenpolster (Vorpolster); zu lange oder nicht sichtbare Rückenlinie; hohe, flache Brust; hohe oder krüperhafte Stellung; langer, abkippender, spitzer oder stark offener Schwanz; schmale Federn; Weiß in den Ohrlappen.

Farbenschläge

Gelb

Gleichmäßiges, sattes, glänzendes Gelb. Flaumgefieder und Federkiele gelb. Lauffarbe hellfleischfarbig. Augenfarbe orangerot.

Grobe Fehler:
Lichte, verwaschene oder dunkle rötliche Farbe; dunkel abgesetzte Flügeldecken; helle Flecken auf Rücken und Sattel junger Hennen; Weiß in Schwanz und Schwingen; graues Flaumgefieder im Rückenbereich; absetzende Halsfarbe. Sehr starker grober Pfeffer in Steuern und Schwingen.

Schwarz

Tiefgrün glänzendes Schwarz mit schwarzem Flaumgefieder. Lauffarbe schwarz. Augenfarbe schwarzbraun.

Grobe Fehler:
Mattes, bronze- oder violett glänzendes Gefieder; helles Flaumgefieder; Schilf; zu helle Lauffarbe; gelbe Sohlenfarbe.

Weiß

Rein weiß. Lauffarbe hellfleischfarbig. Augenfarbe orangerot.

Grobe Fehler:
Gelber Anflug; andersfarbige Federn; stark bläuliche Lauffarbe.

Blau-Gesäumt

Ein reines Taubenblau als Grundfarbe. Jede Feder durch einen dunkleren Saum begrenzt. Hals- und Sattelbehang beim Hahn blauschwarz. Halsbehang der Henne dunkler als das Körpergefieder. Schwanz blau. Lauffarbe schieferblau. Augenfarbe dunkelbraun, bei der Henne dunkler als beim Hahn.

Grobe Fehler:
Zu helles Blau; fehlende Säumung; starker Rost in den Behängen; bräunliche, rußige oder stark fleckige Grundfarbe.

Rot

Glänzendes, leuchtendes Braunrot, schwarze Einlagerungen im Abschluss und in den Schwingen gestattet. Flaumgefieder und Federkiele rot. Lauffarbe hellfleischfarbig. Augenfarbe orangerot.

Grobe Fehler:
Viel zu helle oder zu dunkle Farbe; ungleichmäßiges oder fleckiges Gefieder.

Gestreift

Jede Feder in gleichmäßigem Wechsel mehrfach schwarz und scharf abgesetzt zart hellgrau nicht zu schmal quer gestreift. Die Streifen verlaufen geradlinig und beim Hahn in gleicher Breite; die Henne hat breitere schwarze Streifen und wirkt daher dunkler als der Hahn. Das Federende schwarz. Untergefieder durchgezeichnet.

Lauffarbe hellfleischfarbig, bei der Henne leichter grauer Anflug gestattet. Augenfarbe orangerot.

Grobe Fehler:
Brauntönung im Gefieder; verschwommene oder zerrissene Streifung; Schilf in Schwanz und Schwingen; weißes oder zeichnungsloses Untergefieder.

Rebhuhnfarbig-Gebändert

Hahn: Kopf rotbraun. Hals- und Sattelbehang goldfarbig mit nicht zu breiten schwarzen Schaftstrichen, die im oberen Teil der Federn am Kiel entlang beidseitig durch Gold unterbrochen werden. Rücken und Schultern braungold. Flügeldecken goldbraun, verdeckt schwarz durchsetzt. Die größeren Flügeldeckfedern (Binden) schwarz, brauner Saum gestattet. Armschwingen Innenfahne schwarz, Außenfahne braun, das Flügeldreieck bildend. Handschwingen schwarz mit braunem Außenrand. Brust, Bauch und Schenkel schwarz, jede Feder mit einem schmaleren oder breiteren halbmondförmigen, braunen Saum. Steuerfedern schwarz, braune Säumung gilt als Vorzug. Sichelfedern schwarz, braune Einlagerungen gestattet.
Henne: Kopf goldbraun. Halsbehang goldfarbig bis goldrot, jede Feder mit mehrfacher schwarzer Bänderung und goldfarbenem Schmucksaum. Grundfarbe im Körpergefieder goldbraun, jede Feder mit möglichst drei, der Federform folgenden schwarzen Bändern und braunem Federrand. Federkiele möglichst braun. Armschwingen innen schwarz, außen braun mit Bänderungsanlage. Handschwingen schwarz, nach außen braun meliert. Steuerfedern schwarz mit braunen Einlagerungen. Untergefieder bräunlich grau. Lauffarbe fleischfarbig, bei der Henne leichter grauer Anflug gestattet. Augenfarbe orangerot.

Grobe Fehler:
Beim Hahn: Rein schwarze Brust; große braune Flecken auf Brust, Schenkeln und Bauch; durchstoßende Halszeichnung.
Bei der Henne: Zu helle oder fleckige Grundfarbe; zu rote Flügeldecken; fehlende, zerschlissene und ungleichmäßige Bänderung; Querbänderung in Hals und Rücken. Bei beiden Geschlechtern Weiß in Schwingen und Schwanz.

Birkenfarbig

Hahn: Kopf, Hals- und Sattelbehang silberweiß mit ausgeprägten schwarzen Schaftstrichen. Rücken und Flügeldecken silberweiß. Brust schwarz, schmale Silbersäumung einschließlich Kropfpartie, bei Althähnen tiefer gehend gestattet. Körpergefieder einschließlich Flügeldreieck schwarz mit grünem Glanz.
Henne: Kopf und Halsbehang silberweiß mit schwarzen Schaftstrichen. Brust schwarz, schmale Silbersäumung einschließlich Kropfpartie. Übriges Gefieder schwarz. Lauffarbe fleischfarbig mit grauem Anflug, bei der Henne bis grau; Sohlenfarbe weiß. Augenfarbe orangerot, bei der Henne bräunlich gestattet.

Grobe Fehler:
Bei beiden Geschlechtern glanzloses, mattes Gefieder; weiße Federkiele in den Brustfedern; Schilf.
Beim Hahn: Klatschige Brust- und Schenkelzeichnung; bis hinter die Schenkel reichende Säumung; jegliches Silber im Flügeldreieck.
Bei der Henne: Rein schwarzer Kopf; zu schwarzer Hals; Silberzeichnung im Mantel-, Bauch- und Schenkelgefieder.

Braun-Porzellanfarbig

Hahn: Intensive, rotbraune Grundfarbe. Möglichst jede Feder mit einem schwarzen, grün glänzenden Endtupfen, darin eine weiße Perle am Federende. Armschwingen braun mit schwarzer Innenfahne und weißer Spitze. Handschwingen überwie-

gend schwarz mit braunen Einlagerungen und mehr oder weniger großen, weißen Federenden. Steuerfedern schwarz mit weißen Federenden. Sichelfedern glänzend schwarz mit weißen Federspitzen.
Henne: Grundfarbe im Farbton etwas heller als beim Hahn. Im Körpergefieder möglichst gleichmäßig gezeichnet, dabei jede Feder mit schwarzen Endtupfen und weißer Perle am Federende. Schwingen wie beim Hahn. Steuerfedern schwarz mit braunen Einlagerungen und weißem Federende. Lauffarbe hellfleischfarbig. Augenfarbe orangerot.

Grobe Fehler:
Zu helle, gelbliche Grundfarbe; zu grobe, verwaschene Perlzeichnung, insbesondere bei Jungtieren; fehlendes Braun in der Brust beim Hahn, schwarze Brust bei der Henne; zu viel schwarze Einlagerungen im Mantelgefieder; überwiegend rein weiße Hand- oder Armschwingen sowie Schwanzfedern, auch bei Alttieren.

Schwarz-Weißgescheckt
(Schwarz mit weißen Tupfen)

Hauptfarbe grün glänzend schwarz, die Federenden mit weißer Spitze. Bei der Henne möglichst gleichmäßig verteilte Zeichnung. Beim Hahn entspricht die Zeichnungsverteilung den geschlechtsbedingten Federformen. Bei Jungtieren ist die schwarze Hauptfarbe vorherrschend. Mit dem Alter wird die weiße Zeichnung stärker. Lauffarbe hellfleischfarbig, dunkle Flecken gestattet. Augenfarbe orangerot.

Grobe Fehler:
Rostige oder matte Hauptfarbe. Beim Hahn überwiegende Anzahl rein weißer Hand- oder Armschwingen, Steuerfedern oder Sicheln. Bei der Henne sehr grobe, verschwommene, stark ungleichmäßige oder zu wenig Zeichnung; überwiegend rein weiße Arm- oder Handschwingen sowie Steuerfedern.

Gelb-Schwarzgesäumt

Hahn: Kopf dunkelgoldgelb. Halsbehang goldgelb mit angedeuteten schwarzen Schaftstrichen und schwarzer, saumartiger Zeichnung am Federende. Sattelbehang dunkelgoldgelb; schwarze Federenden sowie schwarzer Saum gelten als Vorzug. Rücken und Flügeldecken sattdunkelgoldgelb bis goldbraun, im Farbton wesentlich intensiver als das übrige Gefieder. Die großen Flügeldeckfedern (Binden) sattdunkelgelb bis zimtfarbig und klar schwarz gesäumt. Armschwingen (Flügeldreieck) goldgelb bis zimtfarbig mit mehr oder weniger ausgeprägter schwarzer Säumung der Außenfahnen und halbmondförmigem, schwarzem Saum am Federende. Handschwingen Innenfahnen schwarzbraun; Außenfahne goldgelb bis zimtfarbig; schwarz meliert und etwas weiße Spitzen gestattet. Brust dunkelgoldgelb bis zimtfarbig mit breiter, lackreicher, schwarzer Säumung. Schenkel und Bauch wie Brust, jedoch im Saum noch breiter. Aftergefieder grau bis schwarz erscheinend. Schwanzdeckgefieder dunkelgoldgelb bis zimtfarbig mit lackreicher, schwarzer Säumung. Steuerfedern zimtfarbig mit halbmondförmigem, schwarzem Saum am Federende; schwarz meliert gestattet.
Henne: Hauptfarbe dunkelgoldgelb bis zimtfarbig, jede Feder des Körpergefieders mit möglichst gleichmäßig breitem schwar-

zem Saum; im Gesamtbild etwas dunkler erscheinend als der Hahn. Halsbehang dunkelgoldgelb, durch sehr breite Säumung oft fast schwarz wirkend. Schwingen, Bauch- und Aftergefieder sowie Steuerfedern wie beim Hahn. Etwas weiße Spitzen der Handschwingen und leicht schwarz melierte große Schwanzdeckfedern vorerst gestattet. Lauffarbe fleischfarbig, bei der Henne leicht grauer Anflug gestattet. Augenfarbe orangerot, bei der Henne leicht braune Einlagerungen gestattet.

Grobe Fehler:
Beim Hahn: Zu helle, messingfarbige Behänge; fehlende Säumung auf der Brust, den Schwanzdeckfedern sowie den größeren Flügeldeckfedern (Binden); zu rote, braune oder zu helle Farbtöne; stark schilfiges Untergefieder.
Bei der Henne: Zu dunkle oder zu helle, fleckige Hauptfarbe; mangelhafte Säumung. Bei beiden Geschlechtern fehlende Schenkelzeichnung; starke Riese lung oder Pfefferung im Federmittelfeld; stark aufgehelltes Aftergefieder; Schilf; fleckige Lauffarbe; rein braune Augen.

Gewichte: Hahn 4,0–4,5 kg, Henne 3,0–3,5 kg
Bruteier-Mindestgewicht: 53 g
Schalenfarbe der Eier: Cremefarbig
Ringgrößen: Hahn 22, Henne 20

Gelb mit Rosenkamm

Sattes, glänzendes, gleichmäßiges Gelb am ganzen Körper. Flaumgefieder und Federkiele gelb, Augen orangerot, Läufe hellfleischfarbig.

Rosenkamm: Mittelgroßer Rosenkamm, fest und gleichmäßig aufsitzend, fein geperlt, Dorn der Nackenlinie folgend, frei von Aushöhlungen.

Grobe Fehler:
Grobe Perlung des Rosenkammes; abstehender Kammdorn; Kammmulden; lichte, verwaschene oder dunkle, rötliche Farbe; absetzende Halsfarbe und Flügeldecken; starker grober Pfeffer in Steuern und Schwingen; helle Flecken auf Rücken und Sattel bei jungen Hennen; Weiß in Schwanz und Schwingen; graues Flaumgefieder im Rückenbereich; schmale und schwache Tiere; Cochinform; kurzrückige, krüperhaft gestellte Federbälle.

Schwarz mit Rosenkamm

Rosenkamm: Mittelgroßer Rosenkamm, fest und gleichmäßig aufsitzend, fein geperlt, Dorn der Nackenlinie folgend, frei von Aushöhlungen. Die schwarze Feder muss tief grün glänzend mit schwarzem Flaumgefieder sein. Lauffarbe schwarz. Augen

Grobe Fehler:
Mattes, bronze- oder violett-glänzendes Gefieder; Schilf in Schwingen und Steuern; helles Flaumgefieder; zu helle Lauffarbe; gelbe Sohlenfarbe; grobe Perlung des Rosenkammes; abstehender Kammdorn; Kammmulden; schmale und schwache Tiere; Cochinform; kurzrückige, krüperhaft gestellte Federbälle.

Kennfarbig

Dieser Farbenschlag wurde 2019 anerkannt. Augen orangerot; Schnabel hell hornfarbig; Lauffarbe fleischfarbig.
Hahn: Kopf rötlich gelb. Halsbehang rötlich gelb mit grauen Schaftstrichen und weißer Querstreifung, V-Form. Rücken rötlich mit angedeuteter Sperberung. Sattelbehang rötlich gelb mit grauen Schaftstrichen und wei-

ßer Querstreifung, V-Form. Schwanz grau gesperbert, V-Form. Schultern und Flügeldecken rötlich mit angedeuteter Sperberung. Flügelbinden grau-weiß; gestreift, braune Einlagerungen gestattet. Handschwingen dunkelgrau mit unregelmäßig weißer Querstreifung. Armschwingen: Außenfahne hell braun-weiß-grau gesperbert, Innenfahne grau; bei geschlossenen Schwingen ein dreifarbiges Flügeldreieck bildend. Vorderhals, Brust und Bauch grau gesperbert, V-Form.
Henne: Kopf goldfarbig, etwas Grau gestattet. Halsbehang goldfarbig mit graunen Schaftstrichen und grauweißer Querstreifung. Rücken und Schwanzdeckfedern, Schultern, Flügeldecken und Flügelbinden sowie Bauch auf rebhuhnfarbiger Grundfarbe matt schiefergrau gesperbert; Flitter gestattet. Schwanz dunkelgraubraun mit schwarzer Rieselung, matt schiefergrau gesperbert. Handschwingen dunkelgraubraun mit schwarzer Rieselung. Armschwingen dunkelgraubraun mit schwarzer Rieselung, matt schiefergrau gesperbert. Vorderhals und Brust lachsfarbig, Untergefieder grau.
Anmerkung: Die Federstruktur der Orpington bewirkt, dass die Zeichnung „kennfarbig" nicht so scharf wie bei den Italienern wirken kann. Wesentlich ist ein durchgefärbtes Flügeldreieck und eine gestreifte Brustfarbe beim Hahn, sowie lachsfarbige Brustfarbe und korrekte Körperfarbe bei der Henne.

Grobe Fehler:
Gelb durchsetzte Brustfarbe; nicht durchgefärbtes Flügeldreieck beim Hahn; Fehlen des braunen Farbtons im Mantelgefieder; gelbe Brustfarbe bei der Henne; unharmonische Körperfarbe der Henne.

Die schwarzen Orpington in Deutschland

Während noch Baldamus berichtet, die Orpington seien in Deutschland erst 1890 bekannt geworden, wurden sie aber bereits 1888 von Karl Hurth, Niederrad bei Frankfurt am Main, eingeführt und sollen hier zunächst ein Jahrzehnt lang angefeindet worden sein. Die ersten Importe waren nämlich von geringerer Qualität und sehr unterschiedlich im Typ. Vermutlich handelte es sich dabei zunächst um Exemplare des wirtschaftlichen Typs von Cook.

Vor allem die Ähnlichkeit mit den damaligen Langschan verhinderte zunächst eine größere Popularität der neu importierten Rasse. Einige Jahre lang wollte man die Orpington nicht einmal als eigenständige Rasse anerkennen, sondern erklärte sie für niedrig gestellte und etwas plumpe, glattfüßige Langschan.

1904 änderte dann der Klub Deutscher Langschanzüchter die Zuchtrichtung. Die Langschan wurden jetzt höher stehend und mit anderer Rückenlinie verlangt. Aufgrund der außerordentlichen Nutz- und Schaueigenschaften fanden die Orpington nun zunächst eine schnelle Verbreitung. Dies führte dazu, dass jetzt auch einige sehr gute Tiere aus England eingeführt wurden. Schwarze Orpington wurden zum Modehuhn, das bei Ausstellungen lange Käfigreihen füllte.

Bald aber ging die Verbreitung der schwarzen Orpington wieder stark zurück, da nach Arthur Wulf die „zu unbeholfenen Tiere in der Nutzleistung versagten". Die Tiere waren aufgrund des Modetrends so tief stehend geworden, dass sie als sogenannte „Bauchrutscher" einfach die Leistung nicht mehr bringen konnten. Nach dem Krieg war bei den Schwarzen ein Neuaufbau vonnöten, denn nur wenige Zuchten hatten überlebt. Diese Zeiten sind heute allerdings glücklich überwunden. „Es kann mit Recht behauptet werden", schreibt Heinz Wolff in der 1982/83 geschriebenen SV-Broschüre, „dass dieser Farbenschlag nunmehr legefreudig vorhanden ist und die Vorgaben der Hausfrauen vollends erfüllt!" Welch ein guter Umstand, zumal in der heutigen Zeit nicht nur nach der Mode geschielt wird. Immerhin

haben die gelben Orpington die zweitgrößte Verbreitung in Deutschland.

Die Entwicklung der Schwarzen seit den 1950er Jahren

Der Farbenschlag unterlag einem ständigen Auf und Ab, besonders von den Fünfzigerjahren des letzten Jahrhunderts an. Erinnern wir uns nur an die Fünfziger- und Sechzigerjahre, in denen Willi Sussmann, Dr. Scheffler, H. Könenkamp oder Schönewolf äußerst wuchtige Tiere in die Käfige brachten. Besonders die Hennen besaßen kleine Köpfe, breite, lackreiche Federn und prima Stand. Allerdings waren die Tiere damals etwas lose im Gefieder. Dies kam sicherlich vom Cochinblut.

Die Züchter im SV, besonders die damaligen Sonderrichter, wünschten jedoch eine straffere Feder bei den Schwarzen, daher war ein Umdenken und Umzüchten nötig. Dieser Prozess bedeutete allerdings für die Züchter der Schwarzen einen schweren Rückschlag, der noch Jahre danach Folgen zeigte. Durch das Wegzüchten des bauschigen Schenkelgefieders und vorhandener Rückenpolster wurden die Tiere von Jahr zu Jahr kleiner. Zu allem Übel wurden dann noch Australorps eingekreuzt. Dadurch wurden zwar die Straffheit des Gefieders und der Grünglanz verbessert, aber die Abschlüsse verdorben. Außerdem ging auch die Form verloren und die langen, durchstoßenden Steuerfedern hielten bei unseren schwarzen Orpington Einzug.

Zum Glück gab es noch Zuchten, die kein Australorpsblut führten, wie zum Beispiel die von Artur Schmidt, Charles Stolze, Jobst von Veltheim, Richard Dietz, Jakob Karch, H. J. Arndt und Friedo Könenkamp. Bald war der Fehler erkannt und ein Umdenken setzte ein, auch bei unserem Altmeister Otto Viering: Als ihn damals der 1. Vorsitzende des Sondervereins fragte, was er sich zu seinem 80. Geburtstag wünsche, kam spontan die Antwort: „Zwanzig schwarze Küken von Artur Schmidt." Dieser Wunsch wurde vom SV-Vorsitzenden erfüllt.

1,0 Orpington, schwarz

0,1 Orpington, schwarz

Am 16. Januar 1980 traten 25 schwarze Küken die Reise nach Büchenbeuren an. Mit diesen Tieren hatte Viering großes Glück. Schöne wuchtige Formen wuchsen heran mit breiten, lackreichen Federn. Die Ausstellungserfolge blieben nicht aus.

In der Folgezeit verkaufte Otto Viering zahlreiche Küken und Jungtiere in der ganzen Bundesrepublik. Sein Wunsch, die Zucht der schwarzen Orpington zu fördern und zu verbreitern, war in Erfüllung gegangen. Die Formen wurden auf breiter Basis wieder wuchtiger und größer. Die breite Lackfeder war allerdings nur bei den Hennen zu erreichen. Den Hähnen fehlte es an Brusttiefe und Rückenlänge sowie Anstieg und Abschlussfülle. Der Kampf mit den langen Steuerfedern hielt an, da half auch nicht das Ziehen. Erst Ende der Achtziger- und Anfang der Neunzigerjahre des letzten Jahrhunderts sah man wieder vereinzelt vollrumpfige Hähne.

Der Zuchtstand der Schwarzen

Wenn auch Cook den Farbenschlag Schwarz als ersten erzüchtete, weil er damit kalkulierte, dass Tiere dieser Farbe weniger Schwierigkeiten in Zucht und Pflege bereiten würden, so birgt gerade dieser Farbenschlag doch einige Tücken in sich. Violetter Glanz und helles Flaumgefieder mindern den Schauwert genauso wie ein mattes oder gar bräunliches, stumpfes Gefieder.

Diese Fehler sieht man bei Ausstellungen leider immer wieder. Ideal hingegen sind die breiten, lackreichen Federn von tiefschwarzer Farbe unserer heutigen Spitzentiere.

Der Farbenschlag litt in den vergangenen Jahren vor allem an langen, spitz durchstoßenden Steuerfedern. Heute allerdings zeigen unsere Spitzenzüchter immer häufiger Schwarze mit perfektem Abschluss. An der Größe hat es den Schwarzen fast noch nie gemangelt. Hingegen sind die Federn hin und wieder etwas locker, was dann zu den verpönten Rückenpolstern, besonders bei den Hennen, aber vor allem auch zu locker abstehendem Schenkelgefieder führen kann. Der Stand darf nicht zu hoch sein, was bisweilen vorkommt, denn dann wirkt die Brust nicht tief genug.

Dann kamen die Gelben

Bereits 1885, also ein Jahr vor der ersten Präsentation der Schwarzen, begann Cook mit der Erzüchtung der Gelben, denn dies war damals die Modefarbe. Bei diesem Vorhaben ging Cook nicht etwa so vor, dass er die gelbe Farbe auf die Schwarzen übertrug. Nein, er erzüchtete die Rasse völlig neu.

Dies ist ein ungewöhnlicher Weg, denn normalerweise ist es in der Geflügelzucht üblich, bei der Erzüchtung neuer Farbenschläge die vorhandenen Tiere des ursprünglichen Farbenschlags als Ausgangstiere zu nehmen, um durch Einkreuzen einer ähnlichen anderen Rasse mit anderer Farbe Letztere auf die Ausgangstiere zu übertragen. Durch Verdrängungszucht erlangt man dann nach und nach den neuen Farbenschlag im gewünschten Typ.

Cook benützte für die Erzüchtung der Gelben aber völlig andere Ausgangsrassen als für die Schwarzen, und zwar ohne Verwendung der bereits relativ gefestigt bestehenden Schwarzen. Die gelben und die schwarzen Orpington sind daher ursprünglich nicht miteinander verwandt. Damals gab es sogar Stimmen in England, die forderten, diese als getrennte Rassen und nicht als Farbenschläge einer Rasse zu führen. Später allerdings mögen Kreuzungen dieser Farbenschläge erfolgt sein. Als zur Erzüchtung der Gelben verwendete Rassen gab Cook Hamburger Goldlack, dunkle Dorking und gelbe Cochin an. Denkt man an die starke Vererbungskraft der Hamburger und des Rosenkamms, so muss man diese Angaben doch bezweifeln. Vermutlich wollte der Geschäftsmann Cook auch hier eventuelle Nachahmer in die Irre leiten. Allerdings gab es in der Anfangszeit die Orpington auch rosenkämmig.

Vermutlich ging Cook bei der Erzüchtung der Gelben aber einen recht einfachen Weg. Die ersten Tiere dieser Farbe waren nämlich kaum von den damals populären Lincolnshire Buff, einem gelbfedrigen Cochin-Kreuzungs-Schlag, zu unterscheiden. Dieser war bereits auf die Marktforderung nach weißer Haut durchgezüchtet. Ihn wird Cook also zur Erzüchtung seiner gelben Orpington verwendet haben.

Als Cook die Gelben 1894 erstmals zeigte, fanden sie schnell Liebhaber. Das führte dazu, dass vielerorts die vorhandenen gelben Lincolnshire Buffs in Richtung Orpington umgezüchtet wurden. Zum Teil gab man auch aus den Lincolnshire Buffs ausgewählte Tiere als Orpington aus und kreuzte gelbe Cochin mit anderen schweren Hühnern, vor allem Dorking, um die Nachzucht als gelbe Orpington auszugeben, denn die Nachfrage war offenbar so groß, dass man sie anders gar nicht hätte befriedigen können. So war unter dem Namen Orpington alles verkäuflich, die Tiere mussten nur eine entsprechende Größe besitzen. Infolge der ausgiebigen Cochineinkreuzungen waren die Gelben im Gegensatz zu den Schwarzen von Anfang an kurzschwänziger, bauschiger befiedert und brachten daher die gedrungene Körperform besser zur Geltung. Allerdings standen die Tiere auch etwas höher. Dies wirkte noch lange nach.

1895 führte Konrektor Dr. Blancke die Gelben nach Deutschland ein. Es folgten zahlreiche Importe, besonders durch die Firma H. Marten, Lehrte. Der Farbenschlag verbreitete sich zunächst hauptsächlich in der Gegend von Gütersloh, außerdem im Köln–Aachener Raum, wofür vor allem Gestütsmeister Castle in Quadrath sorgte.

Die gelbe Farbe

Schwärmerisch schrieb Heinz Wolff in der SV-Schrift aus dem Jahr 1982/83 über die gelbe Farbe der Orpington: „Die Fachwelt und auch Laien sind begeistert, wenn die goldenen ‚Perlen' inmitten der Käfigreihen eine Kette der Harmonie bilden."

Friedrich Regenstein, der verstorbene frühere Vorsitzende des Bundeszucht- und Anerkennungsausschusses, nannte in einem Schaubericht die gelben Orpington „eine Sinfonie in Gelb".

Allerdings dürfen keine störenden Farbtöne wie zu rötliches Gelb oder gar scheckige Tiere das Gesamtbild stören. Manchmal setzen nämlich die Schultern der Hennen dunkler oder der Halsbehang zu hell ab. Oder das Gelb erscheint flammig. Auf breiter Basis aber ist eine hervorragende Farbqualität erreicht. Allgemein herrscht die Meinung vor, dass gerade die gelben Orpington den schönsten gelben Ton aller Hühnerrassen besitzen. Dies rührt daher, dass der gelbe Farbton auf der weichen Feder der Orpington am besten ausgebildet werden kann. Dies zeigt der Vergleich der Orpingtonfarbe mit dem Gelb hartfedrigerer Rassen wie gelben Italienern oder Ramelslohern.

Schon die ersten gelben Orpington um 1890 sollen das schönste Goldgelb besessen haben, aber diese Tiere behielten die Engländer verständlicherweise zunächst für sich auf der Insel. Daher war es in Deutschland ein mühevoller Weg, diese perfekte Farbe zu erreichen. Nach Deutschland waren nämlich zunächst meist Tiere gekommen, die zu rötlich oder bräunlich waren. Dies erkannte man aber bald und forderte schon 1908 in der ersten deutschen Musterbeschreibung ein „reines Gelb". Dies umfasst auch das Untergefieder.

Lange hatte man die Farbe der gelben Orpington innerhalb des Sondervereins als „Farbe alten Goldes" bezeichnet. Dieser Ausdruck ist auch in alten Musterbeschreibungen des Sondervereins und der SZG niedergelegt, er ging allerdings nie in den offiziellen Standard des BDRG ein.

Die damals vom Ausdruck des alten Goldes geprägte Farbe wurde in den Fünfziger- bis Ende der Sechzigerjahre des 20. Jahrhunderts von den Sonderrichtern Heinrich Georg, Willi Sussmann, Heinrich Spree, Karl Kohl, Julius Salewsky und Jobst von Veltheim favorisiert. Doch leider hatte der Ausdruck „Farbe alten Goldes“ im SV-Standard auch seine Tücken, denn man sah zu dieser Zeit sehr viele Hähne, die auf den Decken zu rötlich, also fuchsig, wirkten.

Die Bezeichnung wurde später im SV-Sprachgebrauch durch „goldgelb“ ersetzt. Damit kam man auch der Beschreibung der gelben Farbe im offiziellen BDRG-Standard näher, in dem es seit 1943 unverändert heißt: „Sattes, glänzendes Gelb am ganzen Körper“. Ein Antrag an den Bundeszucht- und Anerkennungsausschuss auf Änderung der Farbbeschreibung im BDRG-Standard in „Goldgelb“ blieb aus.

Man war der Ansicht, die Bezeichnung „Farbe alten Goldes“ sei zu unpräzise. Auch befürchtete man, ein zu dunkler oder gar rötlicher Farbton könne mit diesem Begriff verbunden werden. Nach einem Bericht der „Allgemeinen Geflügel-Zeitung“ vom 1. Mai 1956 soll Carl Schulte-Derne, Dortmund-Wambel, bereits 1953 auf der Deutschen Junggeflügelschau Hannover den Weg hin zur Bezeichnung Goldgelb geebnet haben, wo er eine Henne von goldgelbem Farbton zeigte. Der Bericht lobt, dass sogar Schenkelkissen und Aftergefieder der Mantelfarbe angeglichen waren. Offenbar waren zu dieser Zeit einige rötliche Tiere hoch bewertet worden und man sprach einige Zeit von einem helleren Gelb.

Dieses hellere Gelb, das man jetzt eine Zeit lang anstrebte, war aber keinesfalls ein strohiges Gelb. Das stellte ein Beitrag aus dem Jahr 1959 im „Deutschen Kleintier-Züchter“ richtig. Wichtig war früher wie heute, dass die Farbe gleichmäßig ohne Flecken und Schattierungen über das gesamte Gefieder reicht. Dies war mit der alten Bezeichnung „Goldgelb“ ausgedrückt.

Die neue Bezeichnung wurde von allen Züchtern und Sonderrichtern, ob alt oder jung, schnell angenommen. Von nun an wurde die Farbe konstanter und gleichmäßiger. Heute gibt es nur noch ganz selten farbliche Versager.

1,0 Orpington, gelb

0,1 Orpington, gelb

Durch Worte lässt sich das Gelb der Orpington eigentlich kaum beschreiben, man muss es einmal in Perfektion gesehen haben, verinnerlichen und dann erst ist man in der Lage, die Farbe der Tiere richtig zu beurteilen. Der frühere Sonderrichter Heinrich Spree hat allerdings bereits im Jahre 1953 eine sehr treffende Beschreibung geliefert: „Allein der leuchtende goldgelbe Farbton kann als Ideal gelten. Er soll so überzeugend gelb sein, dass er vom Laien auf den ersten Blick als ‚gelb' angesprochen wird, also weder bräunlich rotgelb noch strohig fahlgelb."

Heinz Wolff äußerte sich in seiner Broschüre zum 75-jährigen Jubiläum ganz richtig: „Der Farbton allein ist nicht ausschlaggebend für den farblichen Wert eines Tieres. Wichtiger ist der Grad der Gleichmäßigkeit der Farbe. Ideal ist ein einziger Farbton am ganzen Körper des Tieres."

Da die gelbe Gefiederfarbe empfindlich gegen Witterungseinflüsse, besonders gegen UV-Sonnenlicht, ist, sollten die Tiere bis zur Ausstellung besonders gepflegt werden. Sie benötigen schattige Ausläufe. Der Gefiederfarbe äußerst abträglich ist vor allen Dingen Feuchtigkeit mit anschließender Sonnenbestrahlung, denn dann entstehen die hässlichen Witterungsflecken, die als grober Fehler geahndet werden.

Der Werdegang der Gelben in Deutschland

So lange der SV besteht, besaßen die Gelben den größten Züchterkreis. Auch galt der Farbenschlag seit jeher als das „Paradepferd" unter den Orpington. In formlicher Hinsicht mussten sie in den Dreißigerjahren bis in die Fünfzigerjahre des letzten Jahrhunderts hinein noch sehr verbessert werden. Die damaligen Tiere können mit den heutigen nicht verglichen werden, besonders bezüglich der Standhöhe, des Anstiegs, der Brustbreite sowie der Fülle der Abschlüsse. Erst nach dem Zweiten Weltkrieg, und zwar Ende der Fünfzigerjahre und zu Beginn der Sechzigerjahre, wurde die Form stark verbessert, der Stand wurde tiefer, die Schwanzpartien wurden voller und eingedeckter.

Die Form wurde von Jahr zu Jahr verbessert, die Tiere wurden größer und wuchtiger, jetzt wurde auf die Kopfpunkte mehr geachtet. Doch vor lauter Form, Farbe und Kopfpunkten wurde die Steuerfederlage Mitte der Achtzigerjahre des 20. Jahrhunderts sehr vernachlässigt. So kam es, dass ein bekannter Züchter in Hannover wuchtige Tiere mit feiner Farbe und edlen Kopfpunkten ausstellte, die auch noch hoch bewertet wurden, aber alle quer liegende Steuerfedern hatten. Diese Tiere wurden alle verkauft, was sich in den folgenden Jahren sehr negativ bemerkbar machte. Nur durch das harte Durchgreifen der Sonderrichter konnte dieses Übel wieder ausgemerzt werden.

Zuchtstand der Gelben – Vorpolster ist verpönt

Die Gelben sind seit Jahren der Hauptfarbenschlag der Orpington. Höchste Ansprüche werden daher von den Sonderrichtern bei der Bewertung gestellt. Dies betrifft nicht nur die meist perfekt vorhandene Farbe, sondern vor allem auch die Form der Tiere.

Gerade die wuchtigen Würfelhennen neigen oft dazu, ihren Abschluss etwas flach zu tragen. Oft muss der Richter die Tiere erst einmal hinstellen. Wir sollten aber auf lange Sicht dahin kommen, dass unsere Orpington als Formentiere sich im Käfig möglichst von alleine mit der idealen Oberlinie präsentieren. Dazu gehört, dass die Hennen im Anstieg kein Vorpolster aufweisen! Die Hähne leiden zum Teil noch etwas an zu wenig Schwanzeindeckung. Zu verbessern wäre bei vielen Hennen die Kleinheit des Kopfes.

Modeerscheinung Kehllappen

Die Modeerscheinung der letzten Jahre hat auch vor den Orpington nicht haltgemacht. Gemeint ist die Forderung nach möglichst geschlossenen Kehllappen. Vor Übertreibung muss allerdings gewarnt werden, denn meist sind geschlossene Kehllappen nur bei kleinen Hähnen vorhanden, und diese wollen wir doch nicht!

Betrachtet man die Kopfstudie eines Orpingtonhahnes von Meißner aus dem Jahr 1925, die über all die Jahre als Vorbild und Leitfaden diente, müssen wir feststellen, dass auch dort die Kehllappen etwas aufklappen. Auch in älteren Musterbeschreibungen des Sondervereins steht noch unter Kehllappen zu lesen: „der vordere Rand etwas umschlagend". Das heißt also, dass unsere Orpington seit eh und je leicht umschlagende Kehllappen besaßen und dass dies sogar eine Standardforderung war. Will man jetzt geschlossene Kehllappen bei unseren Orpington, so wird es Jahre dauern, das über Jahrzehnte gefestigte Erbgut zu eliminieren. Die Züchter und Sonderrichter vertreten nicht erst seit heute die Meinung, man sollte darauf achten, dass die Kehllappen im Ansatz glatt sind und nicht zu lang werden. Geschlossene Kehllappen wie bei Zwerg-Wyandotten werden wir bei der Größe und Wuchtigkeit der Orpington nie erreichen. Es wird die Aufgabe des SV-Vorstandes und der Sonderrichter sein, dieses Problem mit wachen Augen zu verfolgen, damit nicht mehr Schaden als Nutzen angerichtet wird.

Mehrfach erzüchtet: die Weißen

Laut Dürigen entstand der weiße Farbenschlag der Orpington als zweiter, also vor den Gelben, die jedoch vor den Weißen nach Deutschland importiert wurden. In England traten die Weißen 1890 auf. Sie waren zunächst rosenkämmig. 1891 folgten die Einfachkämmigen.

Auch für die Erzüchtung der Weißen, die laut Cook neun Jahre gedauert haben soll, verwendete der Züchter keine der bereits bestehenden Orpington, sondern er gibt weiße Italienerhähne und schwarze Hamburgerhennen als Grundlage an. Die daraus gefallenen weißen Hähne will Cook mit weißen Dorkinghennen verpaart haben. So ist es klar, dass der Rosenkamm hier zunächst stark dominieren musste.

Man vermutet allerdings heute, dass Cook auch für die Erzüchtung der Weißen gar nicht einen so weiten Weg gehen musste. Im Süden Englands gab es nämlich die Albinos, Vorläufer der Sussex (Wolff).

Die Weißen, die nach Deutschland kamen, waren wesentlich besser als die gelben und schwarzen Importtiere. Es gab zwar noch etwas hoch gestellte Hähne oder solche mit etwas langen, den Dorking ähnlichen Körpern. Dies besserte sich aber sehr schnell. Die Siegertiere bei Ausstellungen sollen massige, gedrungene Gestalten mit typischer Form gewesen sein. Die Hähne hatten allerdings noch lange Zeit recht rote Läufe, auf der Fußfarbe der Hennen gab es viel bläulichen Anflug. Auch die Ohrlappen waren mit Weiß durchsetzt und die Kämme weit vom Ideal entfernt.

So wurde den Weißen einst eine große Zukunft vorausgesagt. Wie man aus Niederschriften aus der damaligen Zeit entnehmen kann, hatte der Farbenschlag in den Jahren von 1905 bis 1914 eine große Zeit, als sie von den Züchtern Hübner, Oberlössnitz; Wiener, Ballenstedt; Sturm, Sebnitz, und Gasch, Dresden, mit großem Erfolg gezüchtet wurden.

Besonders im Osten Deutschlands fanden sich rege Interessenten für die Weißen, denen der Ruf eines hervorragenden Wirtschaftshuhns vorauseilte. Als dann der damalige Klubvorsitzende Walter Gasch, Dresden, und Otto Winzer, Ballenstedt, sowie Sturm, Sebnitz, sich der Zucht dieses Farbenschlages verschrieben, begann eine große Blütezeit. Wie hervorragend die Weißen einmal gewesen sein müssen, belegt auch, dass unser SV-Abzeichen auf der Zeichnung einer weißen Henne beruht.

Leider gingen die Weißen im Zweiten Weltkrieg nahezu verloren. Es gab nur noch ganz wenige Tiere. Die Weißen mussten quasi neu herausgezüchtet werden. Dieses Schicksal teilten im Übrigen im Laufe der Zeit mehrere Farbenschläge, aber es fanden sich immer wieder Interessenten, welche die schwierige Rückzüchtung nicht scheuten, wenn sie einmal Gefallen gefunden hatten an einer Farbe.

Heinrich Georg nahm sich des Farbenschlags an und zeigte bereits 1957/58 sehr schöne Exemplare: Er schrieb: „Da ich mich nun auch seit zwei Jahren mit der Zucht weißer Orpingtons befasse, ist es mir gelungen, ohne Verwendung von Tieren aus nach dem Kriege bestehenden Zuchten in diesem Jahr auf eine sehr beachtliche und weit fortgeschrittene Stufe zu kommen. Meine Nachzucht von 8,10 stammt aus vollkommen blutsfremden Tieren, welche jeweils Blut gelber Orpingtons, weißer Cochins und weißer Wyandotten führen.“ Georg berichtet weiter, dass die gelbe Hautfarbe der Wyandotten und Cochin sowie der Rosenkamm keine Schwierigkeiten bereiteten: „Ich kam bei diesen Kreuzungen zu einem weitaus überraschenden Ergebnis, dass alle Tiere weißhäutig, weißbeinig und einfachkämmig zu sehr massigen Tieren herangewachsen sind.“

Eine hochfeine 0,1 weiß mit überragender Form und Linie, fester, rein weißer Feder und schönen Kopfpunkten.

Die Weißen von H. Georg gingen allerdings nach dessen Tod wieder verloren. Die letzten Tiere sollen ins Ausland gegangen sein.

In den Siebzigerjahren des 20. Jahrhunderts befassten sich dann Heinz Wolff, Hermann Stübs, Heinrich Spree, Jakob Karch und Rolf Daubenthaler mit der Zucht der Weißen. Heinz Wolff, der aus der damaligen DDR von einem Zuchtfreund namens Albrecht Bruteier erhielt, konnte bald sehr große Erfolge für sich verbuchen. Aber selbst die Zusammenarbeit zwischen Wolff und Stübs konnte Rückschläge nicht vermeiden.

Die Farbe bereitete zur damaligen Zeit viele Schwierigkeiten, denn der gelbe Anflug bei den Hennen, besonders aber im Schmuckgefieder der Hähne, stellte die Züchter immer wieder aufs Neue vor Probleme. In formlicher Hinsicht wollte es bei den Hähnen überhaupt nicht klappen.

Charles Stolze war in der glücklichen Lage, feine Tiere in Schwarz und Blau zu besitzen, die dazu noch Blut aus England in den Adern führten. Diese nutzte er zur weiteren Verbesserung der Weißen und hatte in wenigen Jahren eine feine Zucht aufgebaut. Er zeigte wuchtige Würfeltypen mit einem feinen Silberweiß, wie man sie bis dahin noch nie sah. Trotz seiner großen Erfolge gehörte der Züchter Stolze leider zu denen, die niemals einem anderen Züchter zur Verbesserung der Zucht etwas abgegeben haben. So ging diese wertvolle Zucht verloren – alle Tiere wurden leider geschlachtet.

Danach befassten sich besonders Klaus Kuhn, Hans Jerge, Manfred Schwarz, Rolf Daubenthaler und Adolf Wenka, der übrigens eine gescheckte Cochinhenne mit Erfolg in die Zucht der Weißen einbaute, mit den weißen Orpington. Rolf Daubenthaler, der sich zu dieser Zeit erneut der Weißen annahm, erinnerte sich an die Worte, die ihm einmal Jobst von Veltheim anvertraut hatte: „Wenn du eine silberweiße Farbe erzüchten willst, musst du in die Zucht der Weißen eine Schwarze oder eine Gestreifte einbauen oder eine aus Blau stammende weiße Fehlfarbenhenne."

Daubenthaler paarte daraufhin einen weißen Hahn aus der Zucht von Jerge an eine schwarze und eine reinerbig blaue Fehlfarbenhenne aus der Zucht von Schmidt. Von Veltheim hatte mit seinem Rat Recht behalten, der Versuch hatte sich gelohnt. In der F1-Generation gab es bereits einige weiße Tiere, nur die Augen- und die Lauffarbe waren noch dunkel. Der weiße Hahn wurde an eine Tochter zurückgepaart und ein Junghahn, der schon eine ansprechende Farbe besaß, wurde an zwei weiße Hennen aus der Zucht von Jerge und Kuhn gepaart. Nach einer Geschwisterpaarung war in der F3-Generation schon ein reines, konstantes Silberweiß auch bei den Hähnen festzustellen. Auch die Augen- und Lauffarbe waren jetzt gefestigt. Bezüglich der Form gab es bei Hennen keine Probleme mehr.

Mit den Hähnen allerdings haben die Züchter auch heute bezüglich der Würfelform noch Probleme.

SR Daubenthaler bemerkte zu diesem Thema: „In meiner langen SV-Mitgliedschaft als Züchter und als Sonderrichter habe ich neben den weißen Hähnen von Georg Heinrich und Charles Stolze nur zwei schöne wuchtige silberweiße Hähne mit tollem Abschluss gesehen, einmal in Pforzheim auf der Kreisschau einen Hahn von Wenka und der andere war der bisher schönste auf der HSS in Sonsbeck von J. Bischops aus den Niederlanden."

Auf der Deutschen Junggeflügelausstellung in Hannover 2002 wurden 6,12 Weiße in bester Qualität vorgestellt und 4-mal die Note „hervorragend" 96 Punkte erreicht.

Hier soll einmal an die Worte von Jobst von Veltheim erinnert werden, der einmal über die Weißen in der Fachpresse geschrieben hat: „Zum heutigen Allgemeinwissen der Zucht weißer Rassen muss die

Kenntnis vom dreifachen Weiß mit unterschiedlichem Erbverhalten bei unseren Hühnern gehören. Wir kennen das ‚ererbte' Weiß, das in der jungen Feder etwas schmutzig erscheint und der Federkiel etwas rosafarbig erkenntlich ist. Die Federn kommen dann rein weiß und bleiben so; sie zeigen später einen feinen silbrigen Glanz. Daneben gibt es ‚Schattenweiß' und das ‚Elfenbeinweiß'."

Heute sind wir wieder in der glücklichen Lage, feine weiße Hennen der vorgenannten Züchter auf Schauen zu sehen. Die weißen Hähne allerdings werden wohl den Züchtern auch weiterhin bezüglich der Form Sorgen, Geduld, Wissen und züchterisches Können abverlangen.

Geschenk für die Königin: die Braun-Porzellanfarbigen

1897, zum diamantenen Regierungsjubiläum der Königin Victoria, brachte Cook die porzellanfarbigen Orpington, damals Diamond Jubilee Orpingtons genannt, heraus. Einen Stamm dieser Tiere schenkte er der Königin.

Übrigens gibt es auch heute noch Orpington am Königshof, denn die Königinmutter nannte gelbe Orpington ihr Eigen und zeigte diese mit gutem Erfolg bei Ausstellungen. Besucher aus England, die eigentlich mit der Geflügelzucht gar nichts zu tun hatten, waren hellauf begeistert, als sie bei mir zum Frühstück ein Orpingtonei erhielten: Die Mutter der Königin, die in England sehr beliebt war, aß jeden Morgen solch ein Ei ihrer gelben Orpington, wussten die Besucher, begeistert, nun auch einmal „königlich" zu frühstücken, zu berichten.

Man darf sich die damaligen porzellanfarbigen Orpington nicht in so perfekter Farbgebung vorstellen, wie wir sie heute von den Federfüßigen Zwerghühnern her kennen, denn diese besitzen eine völlig andere Feder. Die Farben dieser Orpington sind mehr mit unseren bunten Sussex vergleichbar. Sie besitzen nämlich auch

1,0 Orpington, braun-porzellanfarbig. Für diesen Farbenschlag ein hochfeiner Hahn in Würfelform, Anstieg, Kopfpunkten, Grundfarbe und Zeichnungsbild. Er könnte etwas kürzere Schenkel haben, damit er eine Idee tiefer stehen würde.

0,1 Orpington, braun-porzellanfarbig – eine „Jahrhunderthenne"! Vollendung in Grundfarbe, Perlung, Würfelform, Rückenlinie und Anstieg. Eine züchterische Glanzleistung!

heute eine dunklere Grundfarbe und weniger perfekte Perlen. Es wird vermutet, dass Cook sogar auf die damals bereits existierenden, aber noch nicht anerkannten Sussex zur Erzüchtung der Orpington dieser Farbe zurückgegriffen hat. Zu diesem Zweck brauchte er, wenn die Vermutung zutrifft, nämlich lediglich die schwersten Tiere dieser Rasse auszuwählen und als Orpington auszugeben. Cook gibt allerdings an, einen inzwischen ausgestorbenen Schlag der Dorking zur Erzüchtung benutzt zu haben.

Heute gibt es noch vereinzelt Züchter dieses interessanten Farbenschlags. Offenbar wurde er mehrfach unter Verwendung bunter Sussex wiedererzüchtet. Davon berichtet auch Spree, der sich mit allen seltenen Farben der Orpington beschäftigte.

Der Zuchtstand

Die wenigen Tiere, die bei Ausstellungen auftauchen, müssen aufgrund der extremen Seltenheit und der geringen Zuchtbasis mit Samthandschuhen bewertet werden. Dieser sehr attraktive Farbenschlag birgt viele züchterische Schwierigkeiten in sich. Es gibt noch sehr viel Aufbauarbeit zu leisten. Den Hähnen, die bisher gezeigt wurden, fehlt es noch an Körperwucht und Brustfülle. Auch die Kopfpunkte und das Zeichnungsspiel sowie die Grundfarbe sind verbesserungsbedürftig. Vor allem die Hennen, denen man ebenfalls mehr Körperfülle wünscht, sind in der Grundfarbe, die ja rotbraun gefordert wird, noch sehr unterschiedlich. Es gibt hellbraune bis dunkelbraune Tiere, oft mit viel Pfeffer. Die Zeichnung am Ende der Federn mit den schwarzen Tupfen und den weißen Perlen am äußersten Ende der Federn ist allerdings erfreulicherweise recht gut vorhanden. Was aber auch noch Sorgen bereitet, ist die etwas zu schwarze Halsfarbe.

Bis zum Jahr 1993 sah man diesen Farbenschlag auf Groß- und Sonderschauen nur vereinzelt, meist gar nicht. Aber bei der Hauptsonderschau 1994 in Sonsbeck waren gleich 9,43 Braun-Porzellanfarbige zu bewundern. Sie waren allerdings von äußerst unterschiedlicher Qualität. Aber wo sah man schon einmal 52 braun-porzellanfarbige Orpington auf einer Schau? Die Tiere in Sonsbeck von Martens, Benrad und Olsson gaben Anlass zu hoffen, dass sich der Farbenschlag im Aufwind befindet. Dies ist ein Verdienst von Hartwig Olsson.

Die Schwarz-Weißgescheckten

Der letzte Farbenschlag, den Cook vor seinem Tod herausbrachte, waren die Schwarz-Weißgescheckten. Ihr Gefieder ist schwarz mit grünem Glanz, jede Feder ziert am Ende ein weißer Tupfen. Cook gibt als Ausgangsrassen dunkle Dorking, gestreifte Plymouth und Hamburger Silberlack an. Wie er damit das beschriebene Farbbild der Schwarz-Weißgescheckten erzielt haben will, bleibt rätselhaft. Die wenigen Importtiere sollen ziemlich langschwänzig, recht klein und von geringer Körpergröße gewesen sein. Der Farbenschlag blieb bei uns selten.

Auch mit diesem Farbenschlag beschäftigt sich Heinrich Spree. 1971 erzüchtete er ihn neu aus einem schwarz-weißgescheckten Cochinhahn und porzellanfarbigen Orpingtonhennen. Daraus sollen schon nach vier Jahren richtig gezeichnete Nachkommen im Würfeltyp der Orpington hervorgegangen sein. Aber selbst diese formlich schönen Tiere im richtigen Zeichnungsspiel konnten die Züchter nicht aus der Reserve locken, sich mit ihnen zu beschäftigen.

In jüngster Zeit hat sich der Hauptzuchtwart Reinhard Lawall dieses Farbenschlags angenommen und ihn in kurzer Zeit weit nach oben gebracht: Man betrachte nur den Jahrhunderthahn mit v BB bewertet, aus

1,0 Orpington, schwarz-weißgescheckt. Er wurde 1994 in Hannover als „Jahrhunderthahn" bezeichnet und mit v BB bewertet! Jeder weitere Kommentar ist überflüssig; es war und ist ein 1,0 in absoluter Perfektion. Hier stimmt alles.

dem Jahr 1994. Vor allem aber ist es R. Lawall gelungen, einige Mitstreiter zu finden. Daher gab es in den Neunzigerjahren des 20. Jahrhunderts einen Aufschwung dieser Seltenheit. Hoffen wir, dass dieser Aufwärtstrend anhält.

Nach Lawalls Angaben erwarb er einen unscheinbaren schwarz-weißgescheckten Orpingtonhahn, der zwar in Farbe und Zeichnungsbild annehmbar war, aber in der Form viele Wünsche offen ließ. Diesen Hahn paarte er an wuchtige gestreifte Hennen. Bereits die F1-Generation war sehr verblüffend.

Form, Farbe und Zeichnung wurden in kurzer Zeit gefestigt. Jede Feder soll ja glänzend schwarz sein mit einem großen v-förmigen weißen Tupfen an der Spitze. Schwanzpartien und Köpfe dieses Farbenschlags sind zurzeit als mustergültig zu bezeichnen. Nur die Lauffarbe galt es noch zu verbessern. 1994 zeigten bereits fünf Züchter den Farbenschlag bei einer Schau und Reinhard Lawall wurde für seine Mühen mit dem Blauen Band von Hannover belohnt.

Die Gestreiften

Nach Cooks Tod führte sein Sohn die Geschäfte weiter und erzüchtete die Gestreiften, zuerst Gesperberte genannt. Auch er machte unwahrscheinliche Angaben über die Erzüchtung. Dies hatte er offenbar von seinem Vater gelernt. Er nannte als Ausgangsrassen mehrere Farbenschläge der Orpington sowie dunkle Dorking und porzellanfarbige Kämpfer. Wie sollte daraus auch nur annähernd eine Sperberung oder Streifung entstehen?

Etwa seit 1910 zeigten deutsche Züchter vereinzelt auch gestreifte Orpington, die allerdings an Körper- und Gefiederfülle nicht mit den anderen Farbenschlägen mithielten. Auf Grund der lockeren Feder der Orpington war eine so scharfe Zeichnung, wie man sie von den Plymouth Rocks her kannte, nicht zu erreichen, sie war aber besser als die der damaligen Mechelner.

1949, also kurz nach dem Krieg, beklagt dann aber Kurt A. Meißner, dass die von ihm aus England importierten Tiere die Zeichnung schlechter Mechelner mit braunem Anflug hatten. Sie seien eigentlich nur Wert gewesen, mit Reis gekocht zu werden. Weiter berichtet er: „Ich versuchte die Zucht mit einem scharf gestreiften, aber sehr hellen Plymouthhahn aus erstklassiger Zucht und schweren schwarzen Orpingtonhennen. Der Erfolg war noch besser, als ich gehofft hatte. Die Streifung war sofort da, wenn auch etwas rußig; die Form war gut, sogar weiße Haut und weiße Läufe, nur mit wenigen dunklen Flecken, waren teilweise vorhanden.“

Zwischen 1960 und 1970 hatte auch Heinrich Spree die Gestreiften im Stall. Er verwendete zur völlig neuen Erzüchtung einen Amrockshahn und schwarze Orpington. Später kreuzte er weiße Hennen ein, um die Streifung aufzuhellen. Den Durchbruch zur verbesserten Streifung brachte schließlich eine einfachkämmige gestreifte Wyandottenhenne.

Obwohl der gestreifte Farbenschlag unserer Orpington eine alte Züchtung ist, hat er viele Jahre lang ein Schattendasein geführt. Wenn auch Heinrich Spree Ausstellungserfolge verbuchen konnte, so ist es ihm dennoch nicht gelungen, eine breite Züchterschar für diesen Farbenschlag zu begeistern. Die Streifung glich zu dieser Zeit noch eher einer Sperberung.

0,1 Orpington, gestreift. Kleiner Wunsch: Vorkamm etwas edler. Jedoch für diesen Farbenschlag ein Musterexemplar.

1,0 Orpington, gestreift

Wenn wir heute von einem Durchbruch bei diesem Farbenschlag sprechen können, so ist dies das Verdienst des Hauptzuchtwartes des Sondervereins, Reinhard Lawall, der in den Achtzigerjahren des 20. Jahrhunderts gewaltige Aufbauarbeit bezüglich dieses Farbenschlags geleistet hat. Bereits 1981 bewältigten die Tiere Lawalls ihre Premiere auf der Hauptsonderschau in Heimersheim mit größtem Erfolg.

Reinhard Lawall hatte als Ausgangstiere einen untypischen Amrockshahn und schwarze Orpingtonhennen genommen. Danach verwendete er noch einen Plymouthhahn. Die dritte Generation war immer noch zu dunkel. Daher wurde eine weiße Orpingtonhenne zum Aufhellen in die Zucht eingebaut. Dadurch gab es Rückschläge bezüglich des Untergefieders, das zu hell wurde. Insgesamt hat es sieben Jahre gedauert, bis Lawall seine Gestreiften erstmals bei einer Ausstellung präsentieren konnte.

In den folgenden Jahren formte Reinhard Lawall wuchtige Würfel. Die Streifung der Hennen war schon sehr ansprechend, nur die Hähne erinnerten noch an die Sperberzeichnung. 1985 verbuchte der Hauptzuchtwart dann den großen Durchbruch bei Großschauen. Neue Züchter wie Gerhard Faulstich, Hans-Wilhelm Bellmann, Christoph Wehner, Günter Weber, Ulrich Perschon und Wilfried Großheimann stiegen in die Zucht der Gestreiften ein.

Auf der Hauptsonderschau in Alzey stellte Reinhard Lawall den Farbenschlag zum letzten Mal aus, um sich in der Folgezeit einem anderen Sorgenkind der Orpington zuzuwenden. Er gab alle Tiere an Zuchtfreunde ab. Gerhard Faulstich übernahm die meisten. Er berichtete, dass er bereits 1966 Tiere aus der Zucht von Spree erworben hatte. Diese seien aber mit den heutigen Tieren nicht zu vergleichen.

Es ist sehr erfreulich, welchen enormen Aufschwung die Gestreiften in den vergangenen Jahren genommen haben. Hoffen wir, dass dieser Aufwärtstrend anhält. Die Zukunft wird zeigen, ob er Bestand haben wird. In seinem Zuchtwartbericht über die Tiere der Sonderschauen 1966 schreibt Lawall: „Bei den Gestreiften bekamen wir endlich nach einigen Jahren die richtige Streifung wieder zu sehen. Ein Dank an Zuchtfreund Faulstich. Der einzige Hahn von Bellmann konnte in der Form und im Kopf überzeugen. Trotz der schönen Streifung sollten wir in der Zucht vorsichtiger sein, um die Zeichnung zu erhalten. Ein Wunsch von mir wäre, die Standhöhe der Tiere etwas niedriger zu bekommen.“

Spalterbig: die Blau-Gesäumten

Die ersten Blauen stammen von Cooks wichtigstem Konkurrenten, nämlich von Josef Partington, der schon die Umzüchtung der Schwarzen auf den Ausstellungstyp eingeleitet hatte. Bereits gegen 1900 stellte Partington seine Schöpfung der Öffentlichkeit vor. Zur Erzüchtung benutzte er Andalusier.

Trotz der Spalterbigkeit der blauen Farbe erlangten die blauen Orpington damals aufgrund ihrer wuchtigen Formen und der attraktiven Farbe recht bald zahlreiche Züchter. Allerdings sollen diese Tiere nicht aus der Zucht von Partington gekommen sein. Seine Zucht ging aufgrund der schlechten Form bald wieder unter. Die wuchtigen Blauen kamen vielmehr aus Frankreich von Verstraete-Delebart, der damals 400 Hühner ausstellte, lediglich aus dem Ehrgeiz heraus, die größte Kollektion zu besitzen. Diese Tiere sollen in Wirklichkeit blaue Deutsche Langschan aus der Zucht von Heinrich Riecken, Gaarden bei Kiel, gewesen sein, die schon immer etwas plumper waren als die Schwarzen.

Die heutigen blauen Orpington wiederum sollen auf Tiere zurückgehen, die

Cooks Sohn seit 1908 züchtete. Sein Vater hatte sich wohl aus gekränkter Eitelkeit nie mit der Zucht blauer Orpington beschäftigt, da diese von seinem Konkurrenten erzüchtet und nicht auf seinem Hof entstanden waren.

Da damals noch die Ausfuhr nach Deutschland blühte, gelangten die Blauen bald zu uns. 1914 standen 25 Tiere von neun Ausstellern auf der Nationalen in Berlin. Übrigens hat einem Bericht zufolge ein Züchter namens Gerlach, Gleicherode, blaue Orpington unabhängig von England gezüchtet.

Von der blauen Farbe

Verlangt ist ein leuchtendes Taubenblau. Jede Feder ziert ein dunkler Saum. Die Behänge der Hähne sollen samtschwarz sein. Oft aber sind die Tiere zu hell, häufiger

1,0 Orpington, blau-gesäumt. Für diesen „schwierigen", aber optisch sehr schönen Farbenschlag ein Musterbild. Hochfeiner 1,0 in Grundfarbe, Brustsaum, Form und fester Feder. Kleiner Wunsch: Besichelung und Feder im Abschluss breiter und Unterlinie noch etwas voller.

aber zu dunkel oder mit Braun durchsetzt. Auch wirklich samtschwarze Behänge sah man in letzter Zeit selten.

Bei Rassen mit weichem Gefieder ist Saumbildung allerdings erschwert, denn sie wird nie so scharf wie auf harter Feder. Der Saum erscheint dadurch recht breit und meist etwas ungenau und verwaschen. Dies ist auch bei der Säumung der blauen Orpington so, vergleichen wir sie mit den Andalusiern. Die klarste Säumung zeigen die Tiere mit hellem Blau, die allerdings in der Minderheit sind. An erster Stelle steht allerdings auch bei den Blau-Gesäumten die Beurteilung der Form, denn Orpington, gleich welchem Farbenschlag sie angehören, sind in erster Linie Formentiere.

Bei der Zucht blau-gesäumter Orpington erhält man aufgrund der Spalterbigkeit immer nur etwa fünfzig Prozent blaue Nachzucht, 25 Prozent sind schwarz und 25 Prozent reinerbig blau. Letztere Tiere sind schmutzig weiß und als Standardfarbe nicht anerkannt. Die Schwarzen und reinerbig Blauen sind aber für die Zucht wertvoll, verpaart man diese Farben nämlich miteinander, so erhält man nur blaue Nachzucht. Verpaart man aus Blau gefallene Schwarze mit Blauen oder reinerbig Blaue mit dem spalterbig blauen Ausstellungstyp, so erhält man immerhin 50 Prozent Blaue. Allerdings besitzen diese Nachzuchttiere nicht immer den mittleren Blauton, sondern sie können zu Hell oder zu Dunkel tendieren. Eine gewisse Erfahrung in der Linienführung ist also vonnöten, um effektive Zuchtstämme zusammenzustellen. In der Praxis neigen die meisten Züchter dazu, Blau an Blau zu paaren, denn die Aufzucht der Fehlfarben ist teuer.

Pioniere in der Zucht blau-gesäumter Orpington

In der damaligen DDR erlangte Walter Lachmann außerordentliche Verdienste um die Zucht der Blau-Gesäumten. Er beschäftigte sich über 60 Jahre mit dieser Zucht, die er im April 1928 begann. Die Tiere stammten aus der Zucht von Rentsch, Ebersbach. Lachmann hielt sich an den Rat eines Preisrichters: „Achte immer auf kräftige Nachzucht, so kommst du über viele Jahre." Dies hat Lachmann, eigenen Angaben zufolge, immer beherzigt. Auch hat er viel mit Schwarzen gearbeitet. „Dadurch hatten meine Tiere immer eine gute Säumung", schreibt er einem Zuchtfreund. Dennoch gab es in den Fünfzigerjahren des letzten Jahrhunderts in seiner Zucht einen Tiefstand und er entschloss sich, Gelbe einzukreuzen. Er berichtet: „Der Erfolg war gut. Die Masse war wieder da, die Legeleistung war gestiegen. Aber mit der Einkreuzung habe ich heute (März 1991) noch zu kämpfen."

Der blau-gesäumte Farbenschlag ist einer der schwierigsten. Leider hat er wegen der Spalterbigkeit bis heute nicht sonderlich viele Züchter gefunden. Bedingt durch die Schwierigkeit, eine gleichmäßig rein blaue Grundfarbe erreichen zu müssen, erfuhr dieser Farbenschlag immer wieder Höhen und Tiefen.

Einer der großen Pioniere dieses Farbenschlags, Jobst von Veltheim, sagte einmal: „Energie und züchterische Passion der Züchter der Blauen sind die Grundlage ihrer Zucht. Wer die Schwierigkeit dieser Zucht erkennt, wird in seiner Züchterarbeit gekrönt durch die neu geglückten blauen Prachtexemplare." Mit diesen Worten hat von Veltheim bis heute recht behalten. Im Westen waren in den Fünfziger- und Sechzigerjahren des letzten Jahrhunderts Heinrich Georg und Jobst von Veltheim herausragende Züchter der Blau-Gesäumten, die zu jeder Zeit Tiere mit feiner Grundfarbe und sehr schönem Saum besaßen, nur waren sie im Rücken etwas flach.

Indem er dieses Manko beseitigte, gelang Charles Stolze Ende der Sechziger-, Anfang der Siebzigerjahre des 20. Jahrhunderts der große Wurf. Durch seine Freundschaft mit englischen Züchtern konnte er aus England frisches Blut einführen. Da Stolze außerdem ein Kenner der Genetik war, schaffte er es innerhalb weniger Jahre, Tiere bei Schauen zu zeigen, die in Form, Wuchtigkeit und Größe sowie Farbe und Saum alle bis dahin gezeigten Tiere in den Schatten stellten. Leider ging auch diese prächtige Zucht wieder verloren, da der Züchter aus übertriebenem Ehrgeiz nie einem anderen Bruteier oder Tiere abgab.

Als ein begeisterter Züchter galt zu jener Zeit auch Artur Schmidt aus Rastatt, der sich mit der Zucht der blau-gesäumten und schwarzen Orpington befasste. Da er bei der Zucht der Blauen viele schwarze Tiere einsetzte, hatten seine Tiere anfänglich nicht die geforderte helle Grundfarbe. Die kräftige Würfelform hingegen war seinen Tieren immer eigen. Vor allem hatten seine Tiere eine unheimlich breite Feder, wie man sie sonst selten sah. Da auch Artur Schmidt ein großer Kenner der Genetik war, zauberte er 1985 für den Wettbewerb um den Goldenen Siegerring eine blau-gesäumte Henne in den Käfig, die als Jahrhunderthenne bezeichnet wurde und als Lohn die Höchstnote erhielt. Etwas Schöneres hatte man selten gesehen.

Nach 1986 mussten unsere Blauen wieder einmal eine Durststrecke und Flaute über sich ergehen lassen. Bei den Hähnen sah man schlechte Formen, aschgraue Behänge, sehr lange Steuerfedern und offene Schwanzpartien. Die Hennen besaßen grau-rostige Grundfarbe, schlechten Saum und miserable Kopfpunkte. Von der einst schönen Würfelform waren sie meilenweit entfernt.

Artur Schmidt gab in der Zwischenzeit seine Orpingtonzucht auf, hatte aber zum Glück jungen, ehrgeizigen Züchtern Tiere abgegeben, die ihre Kraft und ihr Können dafür verwendeten, die Blau-Gesäumten wieder nach vorne zu bringen. So wurden die Blauen wieder mit größeren Erfolgen in die 1990er Jahre.

Die Rebhuhnfarbig-Gebänderten

Die Rebhuhnfarbigen, jetzt Rebhuhnfarbig-Gebänderte genannt, entstanden in Deutschland aus gelben und schwarzen Orpington unter Verwendung rebhuhnfarbiger Cochin und Wyandotten. Es war bei der Anerkennung in Deutschland der neunte Orpington-Farbenschlag. 1930 berichtete die „Süddeutsche Geflügel-Zeitung“, dass ein Herr Benthacke aus Heiligenstadt unabhängig von England rebhuhnfarbige Orpington erzüchtete.

Während der Hahn mit dem schwarzen Brust- und Schenkelgefieder, das ein unregelmäßiger halbmondförmiger rotbrauner Saum ziert, nur Mittel zum Zweck ist, um perfekte Hennen zu erreichen, zeigen die Spitzenhennen die dem Federrand folgende, möglichst dreifache Bänderung auf goldbrauner Farbe in Perfektion.

Diese attraktiven Orpington unterliegen einem stetigen Auf und Ab. Selten haben die Züchter einen Hochstand ihrer Tiere halten können. Kaum waren einmal Spitzentiere bei der Ausstellung zu sehen, so ging es im nächsten Jahr wieder bergab. Die verlangte klare Bänderung der Rebhuhnfarbe und die hellen Läufe zu erhalten, bereitet immer wieder Schwierigkeiten.

Bei der Bewertung muss der Preisrichter bedenken, dass die Zeichnung der Rebhuhnfarbe eine etwas härtere Feder bedingt. Daher werden die Tiere dieses Farbenschlags immer ein etwas dichter anliegendes Gefieder besitzen und somit etwas kleiner wirken als die Farbenschläge mit weicherer Feder. Wird die Feder nämlich weicher, so ist die exakte Zeichnung nicht mehr zu erzielen, sie wird verwaschen.

Werdegang der Rebhuhnfarbig-Gebänderten

Auch dieser Farbenschlag unterliegt seit seiner in Deutschland erfolgten Erzüchtung einem Auf und Ab. Zudem wurden auch die Rebhuhnfarbigen, wie sie damals noch hießen, 1933 aberkannt. Doch bereits 1949 war es Heinrich Spree, der mit der Wiedererzüchtung des einst verbotenen Farbenschlags einen neuen Anfang schuf. Anfang der Fünfzigerjahre des vergangenen Jahrhunderts konnte er ansehnliche Ausstellungserfolge verbuchen.

In den Sechzigerjahren des 20. Jahrhunderts waren es Walter Beck, Kochendorf, und Josef Marschang, Obersuhl, die sich, jeder auf sich gestellt, mit der Zucht der Rebhuhnfarbigen befassten. Als Rolf Daubenthaler mit der Zucht der Orpington dieses Farbenschlags begann, steckten die Rebhuhnfarbigen noch in den Kinderschuhen. Daubenthaler kaufte 1970 bei J. Marschang Jungtiere, die nur teilweise schon Bänderung besaßen, zum Teil waren es auch Fehlfarben und der Hahn hatte eine reichlich braune Brust- und Schenkelfarbe. Daubenthaler kreuzte eine rebhuhnfarbige Cochinhenne mit recht knapper Fußbefiederung, und was noch wichtiger war, mit einer lang ansteigenden Rückenlinie und vorzüglicher Bänderung ein. Zur gleichen

0,1 Orpington, rebhuhnfarbig-gebändert mit vorzüglicher Grundfarbe, hervorragendem Zeichnungsbild, prima Anstieg sowie voller Unterlinie. Wünsche: Steuern kürzer und eingedeckter sowie Kamm edler, ansonsten jedoch für diesen Farbenschlag ein Musterbild.

Zeit lernte Daubenthaler den Zuchtfreund Karl Reiche kennen, mit dem er Bruteier tauschte.

Nach zwei Jahren wurde bei der Auswahl der Zuchttiere streng auf eine braune Säumung an Brust und Schenkeln des Hahnes geachtet. Auch durfte der Hahn für die Zucht jetzt nur wenig schwarzen Schaftstrich in Hals- und Sattelbehang besitzen. Bei den Hennen wurde großer Wert auf eine etwas bräunliche Unter- und Kielfarbe gelegt sowie auf eine gute Brustbänderung. So wollte der Züchter eine Einstammzucht schaffen, wobei der Zuchthahn auch der Ausstellungshahn ist, während bei der Zweistammzucht der Hahn, der zur Zucht verwendet wird, nicht ausgestellt werden kann, da er den Standardanforderungen nicht genügt.

Die Nachzucht war schon recht gut, die Grundfarbe goldbraun und die Bänderung auf den Decken bereits gefestigt. Die Brustbänderung war aber noch teilweise verwaschen und zerrissen. Bei den Hähnen bereitete die zum Teil noch sehr klatschig braune Brust- und Schenkelfarbe Sorgen. Ihnen mangelte es auch noch am Würfeltyp. In den Folgejahren nahm sich auch Reinhold Hochreiter, Dellfeld, der Zucht der Rebhuhnfarbigen an, und zwar mit einer peinlichen Genauigkeit. Er züchtete das ganze Jahr über mit mehreren Zuchtstämmen Hunderte von Jungtieren und schrieb alle Beobachtungen genau nieder. In vielen Telefongesprächen und Briefen über das Für und Wider verschiedener Farbbeschreibungen kam man überein, dass beim Bundeszucht- und Anerkennungsausschuss ein neuer Standardtext einzureichen war, um eine Einstammzucht zu erreichen. Gleichzeitig beantragte man die Änderung der Farbenschlagbezeichnung von Rebhuhnfarbig auf Rebhuhnfarbig-Gebändert. Der Sonderverein stellte diesen Antrag nach gemeinsamer Ausarbeitung des Textes und Genehmigung durch den SV-Vorstand durch den 1. Vorsitzenden Rolf Daubenthaler. Der Bundeszucht- und Anerkennungsausschuss folgte diesem Antrag.

Die Rebhuhnfarbig-Gebänderten fanden in den darauffolgenden Jahren viele Anhänger, was als Verdienst von Reinhold Hochreiter zu werten ist. So standen auf der Hauptsonderschau in Sonsbeck 63 Tiere dieses Farbenschlags, zum Teil in ganz beachtlicher Qualität.

Hier soll eine Beobachtung Hochreiters weitergegeben werden, die er in seinem Bericht über die Schau in Sonsbeck niederschrieb: „Eine Henne mit schwarzem Untergefieder und einer grauen Federkielfarbe ist für die Zucht unbrauchbar.“

Eine deutsche Züchtung: die Roten

Wie die Rebhuhnfarbig-Gebänderten entstanden auch die Roten in Deutschland. 1905 wurden sie von Freiin von Weinbach-Dissen in München erstmals gezeigt. In Sachsen arbeitete gleichzeitig Eberhardt, Tharandt, ebenso an der Erzüchtung wie kein Geringerer als Kurt A. Meißner in Dresden. Sie entstanden aus sehr dunklen gelben Orpington unter Verwendung von roten Sussex, Rhodeländern und rebhuhnfarbigen Wyandotten. Noch heute findet man in der Nachzucht Tiere mit angedeuteter Bänderung. Außerdem haben Major Schmahl aus Baden-Baden und Eberhardt, Tharandt, rote Orpington einem Bericht der „Deutschen Geflügel-Zeitung“ aus dem Jahre 1930 zufolge geschaffen. Diese Züchter schufen dem Bericht nach auch Gestreifte. Gefordert ist ein möglichst gleichmäßiges Braunrot, früher Kastanienrot. Die Farbe darf nicht zu braun sein und auch nicht zu schwärzlich. Auch das Untergefieder muss rot durchgefärbt sein. Immer wieder einmal auftretendes Grau im Flaum ist fehlerhaft.

Die Roten hielten sich bis 1933 in zusagender Qualität, dann wurden sie von Staats wegen aberkannt. Über die Wiedergeburt der roten Orpington nach dem Krieg in der ehemaligen DDR, als sie wieder anerkannt wurden, berichtete G. Wendt, Luckenwalde, 1958 in der „Deutschen Geflügel-Zeitung“: „Ganz zufällig fielen bei mir in einer Brut gelber Orpington zwei rote Tiere, die ganz den Anforderungen dieses Farbenschlags entsprachen. Es stellte sich heraus, dass in dem Zuchtstamm, aus dem die Eier stammten, eine Rhodeländerhenne vertreten war. Diese Tiere entwickelten sich blendend und waren farblich sehr gut, wenn auch die Figur noch etwas zu wünschen übrig ließ. Sie erhielten auf unserer Ortsschau 1946 beide sg Z.“

Diese Tiere verschwanden allerdings wieder, da sie verkauft wurden. 1948 wiederholte ein Zuchtfreund Wendts die Kreuzung. Diesmal paarte man einen Rhodelän-

1,0 Orpington, rot. Für diesen Farbenschlag ein hochfeiner Vertreter. Wünsche: Idee geschlossener bzw. eingedeckter im Abschluss, nicht höher im Stand und etwas edler im Vorkamm, jedoch eine überragende Gesamterscheinung für diesen Farbenschlag.

derhahn an gelbe Orpingtonhennen. „Die Nachzucht war die gleiche wie beim ersten Mal", berichtet Wendt. „Eine Rück- und Geschwisterpaarung in den nächsten Jahren ergab farblich ein ziemliches Durcheinander. Es waren aber Tiere dabei, die farblich und figürlich die besten Ansätze hatten. Sie wurden auf Ausstellungen hoch bewertet und fanden großen Anklang." Die Roten waren wieder da.

In einem Bericht aus der Zeitschrift „Der Geflügelzüchter" aus dem Jahre 1953 lesen wir: „Wir sahen in Frankfurt a. Main 15 Tiere in Blau und sogar 4 Tiere in Rot. Was man in England nicht erreichte, haben deutsche Züchter in wahrhaft einmaliger Züchterarbeit fertiggebracht. Hier hat wohl bahnbrechend unser Zuchtfreund Erich Zweiacker, Misselberg, gewirkt. Wenn auch der rote Farbenschlag noch nicht als vollkommen angesehen werden konnte, so muss man doch die gewaltige Züchterarbeit anerkennen, die es erst einmal ermöglichte, dass überhaupt diese Farbe konstant erzüchtet werden konnte. Ich bin der felsenfesten Überzeugung, dass in wenigen Jahren die roten Orpington ebenbürtig neben ihren gelben Artgenossen stehen."

Die Zuchtbasis blieb jedoch sehr klein. Die Züchter aber, die sich mit den Roten beschäftigten, taten dies sehr intensiv. In der SZG hielt Gotthelf Heinze den Roten die Stange und im SV war es lange Jahre Artur Häfele, Bretten, der sich erfolgreich um die stetige Verbesserung des Zuchtstandes bemühte.

Da der Farbenschlag 1933 vom Reichsverband verboten bzw. aberkannt wurde, war es nicht verwunderlich, dass nach dem Zweiten Weltkrieg viele Züchter aus Ost und West versucht haben, die Wiedergeburt der Roten in Angriff zu nehmen. Kreuzungen zwischen Rhodeländern und gelben Orpington brachten allerdings selten einen Erfolg, da die Form, der hohe Stand, die harte, feste Feder, die den Rhodeländern eigen ist, sich schwerlich mit der weichen Feder und der Würfelform bei recht tiefem Stand vereinen lassen. Diesen Misserfolg musste auch Rolf Daubenthaler, der diesen Kreuzungsversuch ebenfalls unternahm, wegstecken. Die Rhodeländer waren ja zwischenzeitlich auf eine völlig andere Federstruktur umgezüchtet worden. Früher hatten sie eine breitere, weichere Feder und waren daher zur Zucht roter Orpington geeigneter.

Waren es in der damaligen DDR Kurt A. Meißner und Gotthelf Heinze, die zu Beginn der Fünfzigerjahre des letzten Jahrhunderts die Zucht der Roten aufnahmen, so war es in Baden-Württemberg Artur Häfele, der bereits 1950 seine ersten Kreuzungen vorgenommen hatte. Nach seinen eigenen Angaben verwendete er damals einen gelben Orpingtonhahn und eine bunte Sussexhenne. Die rote Farbe war bereits in der F1-Generation teilweise vorhanden, die Unterfarbe war noch etwas gräulich. Im nächsten Jahr kreuzte Häfele eine Rhodeländerhenne ein, was sich aber als Rückschlag erwies, denn die Oberfarbe wurde dreifarbig und die Unterfarbe grauschwarz.

Artur Häfele, der unermüdlich an der Erzüchtung festhielt, unternahm weitere Kreuzungen. Rolf Daubenthaler, der zu jener Zeit schon recht gut mit Artur Häfele befreundet war, kann sich noch gut daran erinnern, dass Häfele immer eine reife Kastanie mit sich trug, um die Farbe Kastanienrot mit seinen Tieren zu vergleichen.

Gelbe Hähne als Retter in der Not

Im Gegensatz zu Stolze war für Häfele die Farbe das A und O. Er vernachlässigte dabei etwas die Form und Augenfarbe. Die etwas lange Rückenlinie als Erbe der Sussex war noch stark zu erkennen. Durch gutes Zureden ließ sich der Züchter überzeugen, dass die Form nur durch das Einkreuzen eines überaus großen gelben, aber auch rötlichen Hahnes zu erzielen sei. Der

Himmel schenkte Häfele 1964 einen solchen Hahn, der auf der Landesschau sogar mit der Höchstnote ausgezeichnet worden war, obwohl er für den Farbenschlag Gelb viel zu rötlich war.

Diesen wuchtigen Formenhahn kreuzte Häfele mit Hennen, die noch Sussexblut in sich führten, aber den Orpingtontyp schon erkennen ließen. Der Erfolg war verblüffend, denn schon in der F1-Generation fielen Jungtiere mit recht guten Formanlagen. In der Farbe waren sie etwas heller und verwaschen. Die F2-Generation brachte berauschende Ergebnisse. Erste große Erfolge auf Großschauen stellten sich ein.

Ende der Siebzigerjahre des 20. Jahrhunderts nahmen sich neue Züchter wie Kurt Kössler, Hans Jerge, Rainer Ehrenberg, Franz Philipp, Zgm Schmülling, Martin Platzbecker und erneut Reinhard Lawall der Zucht der Roten an. Kössler, der unabhängig von der Zucht Häfeles arbeitete, konnte ebenfalls schöne Erfolge erringen. Hans Jerge, der seine ersten Tiere aus der Zucht von Kössler erhalten hatte, arbeitet seit 1978/79 mit großem Erfolg an der Verbesserung der Roten.

Nachdem Artur Häfele 1988 auf der Stuttgarter Landesschau, wo eine Orpington-Sonderschau angeschlossen war, mit 81 Lenzen zum letzten Mal ausstellte, gingen seine Tiere an Franz Philipp aus Bruchsal und an Hans Jerge aus Kieselbronn. Hans Jerge, der mit Rainer Ehrenberg eine Freundschaft geknüpft hatte, stellte dessen Rote an Tiere aus der Häfele-Zucht, wodurch ihm eine Verbesserung von Farbe und Feder gelang, aber die Tiere wurden auch kleiner.

Zwischenzeitlich wurde die Farbbezeichnung im Standard auf Antrag des Sondervereins durch den Bundeszucht- und Anerkennungsausschuss von Kastanienrot in Braunrot geändert. Dies wirkte sich für den Farbenschlag günstig aus.

Für Hans Jerge begannen zwei harte Jahre, denn seine Roten bekamen eine Krankheit. Nur durch einen unerhörten finanziellen und körperlichen Einsatz konnte er seine Zucht retten. Die noch vorhandenen Tiere konnten jedoch in der Form nicht mehr befriedigen. Erst als er dann 1992 Tiere aus der Zucht von Kliewe einbaute, ging es langsam wieder bergauf, obwohl es diesen Tieren, die formlich sehr ansprechend waren, noch etwas an Masse und Rückenanstieg fehlte.

Rolf Daubenthaler gab seinem Orpingtonfreund Hans Jerge damals den gleichen Rat, der auch schon Artur Häfele geholfen hatte, nämlich einen rötlichen, wuchtigen gelben Hahn einzustellen. Jerge baute dann 1993/94 einen solchen Hahn aus der Daubenthaler'schen Zucht ein. So waren rötliche gelbe Hähne in der Zucht der Roten Retter in der Not.

Wünschen wir dem attraktiven, wenn auch nicht problemlosen Farbenschlag noch mehr Anhänger, die ihm die Treue und den Fortbestand bewahren und sichern mögen.

Die Birkenfarbigen

Heinrich Spree, Wehdel, der sich um viele seltene Farbenschläge der Orpington bemühte und verdient machte, erzüchtete Ende der Sechzigerjahre des letzten Jahrhunderts die Birkenfarbigen, die zu Beginn der Siebzigerjahre anerkannt wurden. Ausgangstiere waren ein heller Sussexhahn und eine schwarze Orpingtonhenne. Die F1-Generation war weitgehend schwarz, die Hennen zeigten gering aufgehellte Läufe. In der F2-Generation waren bereits einzelne Hähne aufgehellt und alle Hennen hatten aufgehellte Läufe, einige wenige hatten rote Augen. Die F3-Generation zeigte sich kaum verbessert, noch immer gab es keine Henne mit Zeichnung. Daher wurde 1968 ein birkenfarbiger Niederrheinerhahn eingekreuzt, der eine gut ansteigende Rückenlinie aufwies. Verpaaart mit den farbstoffärmsten Hennen brachte er einen Teil birkenfarbiger Nachzucht.

Heinrich Spree begann mit dieser schwierigen Aufgabe bereits 1965. Am 16. Dezember 1972 wurden die Birkenfarbigen bei der Sitzung des Bundeszucht- und Anerkennungsausschusses in Bremen unter dem Vorsitz von Friedrich Regenstein anerkannt.

Obwohl Spree nach der Anerkennung gute Ausstellungserfolge erzielte, gelang es ihm nicht, Züchter für seine neue Kreation zu gewinnen. So wurde es um den Farbenschlag sehr ruhig, er wurde nur noch ganz vereinzelt gezeigt.

Auch Hartwig Olsson aus Sonsbeck bemühte sich um den Erhalt dieses schönen

1,0 Orpington, birkenfarbig. Ein beachtenswerter Hahn für diesen seltenen und sehr schwierig zu züchtenden Farbenschlag! Die Kopfpunkte sollten zarter sein und die Vorbrust gefüllter. Jedoch ist dieser 1,0 für diesen Farbenschlag ein exzellenter Vertreter.

Farbenschlags. Mitte der Achtzigerjahre des vergangenen Jahrhunderts zeigte er sehr schöne Tiere.

Auch der Hauptzuchtwart des Sondervereins, Reinhard Lawall, nahm sich zu dieser Zeit der birkenfarbigen Orpington an. Er paarte einen birkenfarbigen Niederrheinerhahn an eine gestreifte Orpingtonhenne. In den Neunzigerjahren des 20. Jahrhunderts baute er noch eine schwarze Orpingtonhenne in diese Zucht ein. Die wenigen Tiere, die auf den Sonderschauen erschienen, waren zwar farblich recht brauchbar, aber noch in vielen Punkten, besonders in der Würfelform oder der Größe, verbesserungsfähig. Oft sah man den Tieren noch deutlich die Anleihe am Niederrheinerblut an. Leider hat der Farbenschlag auch in den Neunzigerjahren des vergangenen Jahrhunderts kaum Züchter gefunden. Heute sind es Reinhard Lawall, Manfred Tegler, Ferdinand Peck und H.-W. Kache, die den Birkenfarbigen die Treue halten.

Wir dürfen heute wohl sicher sein, dass auch der birkenfarbige Farbenschlag der Orpington seinen Weg gehen wird, denn Hauptzuchtwart Reinhard Lawall besitzt für die Zucht der seltenen Farbenschläge ein besonderes Gespür und vor allem die erforderliche Ausdauer, das Werk, das er begonnen hat, zu einem guten Ende zu führen.

Von Veltheims großer Wurf: die Gelb-Schwarzgesäumten

Mit den gelb-schwarzgesäumten Orpington trat in den Siebzigerjahren des letzten Jahrhunderts ein Farbenschlag der Orpington auf den Plan, der binnen Kurzem das Herz der Züchter im Sturm eroberte und zu einem der beliebtesten Farbenschläge aufstieg. Dies hätte sich der Erzüchter wohl kaum träumen lassen. Der große Wurf war gelungen!

Unser heutiges Ehrenmitglied und ehemaliger Sonderrichter Jobst von Veltheim befasste sich seit 1955 mit der Herauszüchtung neuer Farbenschläge der Orpington.

Zum 100-jährigen Bestehen des Braunschweiger Geflügelvereins zeigte er erstmals „blau-gelbe Orpington", also in den Braunschweiger Farben. Daraus wurden dann die „Gelb-Schwarzen", die später Gelb-Schwarzgesäumte genannt wurden. Sie erhielten den Vorzug vor den Gelb-Blaugesäumten, weil der Kontrast Letzterer schwächer in Erscheinung trat. 1963 wurden sie erstmals im Vorstellungsverfahren präsentiert.

„Ein herrlicher Farbenschlag!", schwärmt Heinz Wolff in seiner SV-Schrift, „Fachleute und auch Laien sind entzückt, wenn dieser Farbenschlag mit ansprechenden Tieren auf einer Schau vorgestellt wird. Es ist das alleinige Verdienst des Sonderrichters Jobst von Veltheim, Glentorf bei Braunschweig, der diesen Farbenschlag herauszüchtete."

Erzüchtet wurde der Farbenschlag aus gelben und schwarzen Orpington sowie durch Einkreuzung von Barneveldern, die den Saum einbrachten.

Unter der Bezeichnung Schwarz-Gelb stellte der Erzüchter die ersten Tiere 1965 auf der Nationalen in Frankfurt aus. Unter dieser Farbbezeichnung wurden sie bis 1972 geführt. Selbst Jobst von Veltheim wusste zunächst nicht, wie er den Farbenschlag bezeichnen sollte, dies beweist ein Schreiben vom 5. Dezember 1970 an den damaligen BZA-Vorsitzenden Friedrich Regenstein, in dem der Erzüchter auch über Schwierigkeiten berichtet, den Saum und die Farbe zu festigen:

„Bei den Schwarz-Gelben war es überaus schwierig, die Säumung hereinzubekommen bei der Würfelform. Es schien beinahe unmöglich an die weiche Feder den klaren Saum zu stellen. Dass unter Hunderten von Tieren langsam konstante gute Saumtiere fallen, beweist die nach Dortmund kommende Althenne! Weiterhin ist es für mich beruhigend, die volle Würfelform erreicht zu haben – dies beweisen nicht zuletzt die in Dortmund stehende schwarz-gelbe Junghenne und auch der klar gesäumte Farbenhahn. Wenn ich weiterhin mit dieser Neuzüchtung zeitlich, arbeitsmäßig und auch finanziell durchhalten kann, müssten eigentlich 1971 und 1972 in großer Zahl beste gesäumte schwarz-gelbe Orpington fallen. Die Frage bleibt der Natur überlassen, ob der hellere oder dunklere Gelbton der Feder sich durchsetzt?; vielleicht sollte man eines Tages den Farbenschlag – falls es einmal zur Anerkennung kommt – schwarz-gold nennen, zumal wir bei den großen gelben Orpington

1,0 Orpington, gelb schwarzgesäumt, mit vorzüglichen Kehllappen und Kopfpunkten.

0,1 Orpington, gelb schwarzgesäumt

mehr und mehr dazu übergehen, die Bezeichnung Goldgelb zu verwenden (bei der Bewertung).

Es fallen mehr und mehr rotbraungelb gesäumte Orpington bei mir. Bislang laufen sie hier in der internen Zuchtsprache als Mahagonifarbige. Es ist die Erbmasse der vor langen Jahren eingekreuzten Barnevelder. Ich stelle sie zur Begutachtung aus; wobei ich selbstverständlich auf dem Standpunkt stehe, dass nur derjenige Farbenschlag bei Orpington eines Tages anerkannt werden sollte, der sich erbmäßig konstant durchsetzt. In zwei bis drei Jahren wissen wir alle mehr." Dem Schreiben legte von Veltheim auch eine Beschreibung der Mahagonifarbenen bei:

„Hahn: Hals goldfarbig, Schaftzeichnung erlaubt. Rücken und Flügeldecken rotbraun gesäumt. Flügelschild mahagonifarben (mahagoni = tiefes Rotbraun). Besichelung mahagonifarben gesäumt. Brust gleichfalls mahagonifarben gesäumt. Schenkelpolster schwarz-braun. Henne: Hals goldgesäumt. Brust goldbraun gesäumt. Rücken, Sattel und Steuern schwarz-braun gesäumt (Grundton mahagoni). Schenkel und Aftergefieder mahagoni bis schwarz-braun."

Nach sehr viel Mühe, Arbeit und Kosten hatte von Veltheim sein Ziel erreicht: Seine Neuzüchtung wurde auf der Sitzung des BZA am 15. Dezember 1972 anerkannt, aber nicht unter dem Namen Schwarz-Gelb, unter dem sie von Veltheim vorgestellt hatte.

Der Erzüchter teilte dem SV-Vorsitzenden Rolf Daubenthaler 1995 brieflich Folgendes mit:

„Ab 1972 prägte Herr Regenstein vom Zucht- und Anerkennungsausschuss des BDRG den neuen Namen Gelb-Schwarzgesäumt. Ebenso hat Herr Regenstein den von mir erarbeiteten Standard im Jahre 1973 leicht geändert, der auch so im neuen Standard von 1974 übernommen wurde."

Nach der Anerkennung

Sofort nach der Anerkennung war von Veltheim bereit, Tiere abzugeben, um eine größere Zuchtbasis zu erreichen. Der Erste, der Gelb-Schwarzgesäumte erwarb, war Hermann Stübs, Assenheim. Von nun an konnte man zwei Zuchten bei den Ausstellungen begutachten.

Stübs kreuzte eine schwarze Orpingtonhenne ein, mit dem Erfolg, dass die Tiere in der Grundfarbe satter, nämlich zimtfarben, wurden. Gleichzeitig wurde der Saum klar schwarz. Dabei bestach besonders, dass der helle Federkiel oder Nerv verschwand. Bei den Tieren von Veltheims hingegen erschien der Saum durch Einkreuzung gelber Orpington bei hellerer Grundfarbe etwas verwaschen. Der helle Federkiel war deutlich zu sehen.

Es musste eine Entscheidung her, welches Farbbild erstrebenswerter sei. Diese Entscheidung fiel auf einer Nationalen in Nürnberg, wo die Sonderrichter Heinz Wolff und Rolf Daubenthaler zusammen mit Friedrich Regenstein, dem Herauszüchter von Veltheim und Hermann Stübs Federn verglichen. Das Ergebnis war, dass man der Zimtfarbe mit dem klaren schwarzen Saum für die Zukunft den Vorzug gab. Danach geriet der Farbenschlag in einen gewaltigen Aufwind, zahlreiche Züchter wurden gefunden. Stübs stellte 1981 in Heimersheim das erste v-Tier in diesem Farbenschlag, einen Hahn, der als Jahrhunderthahn deklariert wurde. Der Farbenschlag hatte den Durchbruch geschafft. Der Aufwärtstrend war bewundenswert. Hermann Stübs hat sehr viel für die Verbreitung getan. Er gab zahlreiche Küken und Bruteier ab, und das nicht nur in Deutschland, sondern in viele europäische Länder.

Durch diese schnelle Verbreitung des Farbenschlags stellten sich verschiedene Fehler ein, die vorher nicht vorhanden waren. So mussten zum Beispiel helle Grundfarbe, verwaschener Saum, strohige Behänge, Schilf in den Schwingen- und Schwanzfedern, fehlende Zeichnung im Schenkelgefieder, schwarzes Hauptgefieder bei den Hennen, flache Rückenlinien, quer liegende Steuerfedern und schlechte Kämme moniert werden. Nur durch eine strenge Hand unserer Sonderrichter konnte die Spreu vom Weizen getrennt werden.

Da sich in der Zwischenzeit namhafte Züchter wie Klaus Kuhn, Willi Fehr, Kurt Kössler, Jürgen Heil, Manfred Schwarz, Ferdinand Peck, Robert Duschinger und in jüngster Zeit Karl Speck, Thomas Berch, Philipp Schauf, Josef Jansen sowie Sylvia und Hans Widmann des Farbenschlags angenommen hatten, konnte die Zucht in ordentliche Bahnen gelenkt werden.

Neue Ziele

Anfangs besaßen die Tiere braune Augen, ein Erbe der Schwarzen. Man hat diese weitgehend auf rötliche Augen, die besser zu dem Schlag passen, umgezüchtet. Daher wurde 1992 vom Sonderverein Antrag auf Standardänderung an den BZA gestellt. So wurde beim Hahn der Passus „leicht dunkle, etwas moosige Rieselung im Federfeld ist kein Fehler“ ersatzlos gestrichen. Die Augenfarbe wurde von rötlich braun in orangerot geändert und unter Lauffarbe wurde das Zugeständnis „grauer Anflug zulässig“ zurückgenommen und durch das Wort fleischfarbig ersetzt.

Bei der Henne wurde der Satz „etwas Pfefferung oder Rieselung im Federfeld ist kein Fehler“ gestrichen und die Augenfarbe von braun in orange geändert, wobei ein leicht grauer Anflug gestattet ist.

Nicht alle Züchter setzten die neuen Maßstäbe in der Zucht so schnell um, sodass die Sonderrichter gezwungen waren, harte Maßstäbe in der Bewertung anzulegen.

Durch die Vielzahl der Züchter, die sich mit den Gelb-Schwarzgesäumten beschäftigen, wurde schnell ein hoher Zuchtstand erreicht. Dies beweisen die zahlreichen Höchstnoten der letzten Jahre. Allerdings muss man sagen, dass der Schlag auch einige Tücken in sich birgt. So variiert die Farbe der Hennen, auch die Saumbreite ist nicht immer ideal oder gar halbmondförmig oder die Farbe zu sehr mit Pfeffer durchsetzt. Schwierigkeiten bereitet bei den Hennen auch oft der Anstieg, sie tragen dann einfach zu flach.

Heute dürfen wir mit Stolz feststellen, dass der Farbenschlag sich eines großen Züchterkreises erfreut und dass in den letzten Jahren bei fast allen Groß- und Sonderschauen Spitzentiere zu bewundern waren, die in ihrer Farbenpracht die Züchterherzen höher schlagen ließen. Führen wir getrost und zuversichtlich diesen aparten Farbenschlag weiter, ohne dabei die möglichen Fehler aus den Augen zu verlieren!

Abschließend wollen wir feststellen, dass wir dem Herauszüchter Jobst von Veltheim zu großem Dank verpflichtet sind. Er hat uns einen herrlichen Farbenschlag beschert, für den wir die Verpflichtung übernommen haben, ihn für unsere Nachkommen zu hegen und zu pflegen.

Gelbe Orpington mit Rosenkamm

Gerd Fichtner aus Brachstedt kam 1992 der Gedanke, den gelben Orpington einen Rosenkamm „aufzusetzen“. 1993 fing er mit seinem Vorhaben an und verpaarte einen Wyandottenhahn aus der Zucht von Helmut Kühlhorn aus Köthen mit zwei gelben Hennen von Reinhard Lawall aus Alzey-Heimersheim.

Die Nachzucht zeigte sehr wenig rosenkämmige Tiere, auch war die Farbe sehr schlecht (diese zeigten Dresdner-Goldbraun). Diese schlechte Farbe führte G. Fichtner auf den 1,0 zurück. Alle Tiere waren unbrauchbar. 1994 wurde ein neuer Versuch gestartet. 1,0 Wyandotte an 0,2

Orpington und 1,0 Orpington an 0,2 Wyandotten. Diese Nachzucht erbrachte viele Küken mit Rosenkamm, aber auch noch sehr viele mit gelben Läufen. Die Hennen zeigten schon recht ordentliche Formansätze. 1995 verpaarte Fichtner diese rosenkämmige Nachzucht an reinerbige Orpington. Partner-Nachzucht erbrachte 50% Rosenkamm, die restlichen Tiere waren mit Einfachkamm ausgestattet, davon hatten 25% gelbe Läufe. Die Würfelformen waren schon recht gut erkennbar.

1996 erfolgte die Verpaarung der rosenkämmigen Nachzucht an reinerbige Orpington. Der erste sichtbare Erfolg stellte sich ein. Prima Formentiere mit ordentlichen Rosenkämmen legten den Grundstein für die Zukunft.

1997/98: Die Nachzucht aus der Verpaarung Rosenkamm x Rosenkamm ergab Tiere, welche im Jahr 1999 anlässlich der Nationalen in Ulm zur Sichtung vorgestellt wurden. Im Jahr 2000 erfolgte eine weitere Sichtung in Sinsheim und 2001 in Dortmund.

1,0 Orpington, gelb mit Rosenkamm

Im Jahre 2002 wurden die Gelben mit Rosenkamm durch den Bundeszucht- und Anerkennungsausschuss anerkannt. Die Qualität in diesem Jahr war in der Tat außerordentlich gut.

Auf der Hauptsonderschau in Mörfelden wurde erstmals ein Orpington, gelb mit Rosenkamm mit der Note „hv“ 96 Punkte bewertet und auf der Nationalen in Erfurt errang der Herauszüchter ein traumhaftes Ergebnis, das seine jahrelange züchterische Arbeit belohnte:

2x die Note „hervorragend“ und 3x die Note „sehr gut“ waren der verdiente Erfolg.

Schwarze Orpington mit Rosenkamm

Gerd Fichtner aus Brachstedt hat sie im gelben und im schwarzen Farbenschlag wieder heraus gezüchtet, die rosenkämmigen Orpington.

Im Sichtungsjahr der „gelben rosenkämmigen“ (Ulm 1999) begann G. Fichtner dem schwarzen Farbenschlag den „Rosenkamm“ aufzusetzen. Auch hier verpaarte er zunächst einen 1,0 schwarzen Orpington mit Einfachkamm an eine 0,1 schwarze – eigens dafür ausgewählte – Wyandottenhenne.

Die erste Nachzucht brachte zwar Anstieg und Lack, jedoch sehr schlechte Lauf- und Augenfarben sowie gelbe Fußsohlen. Auch war die Standhöhe sehr mangelhaft.

Es begann ein harter und äußerst schwieriger Leidensweg für den Herauszüchter. Im Jahre 2000 wurde ein 1,0 rosenkämmiger aus dem ersten Jahrgang mit 0,2 schwarzen einfachkämmigen Orpington verpaart sowie ein 1,0 einfachkämmiger, reinerbiger Orpington mit 0,2 rosenkämmigen Orpington, ebenfalls aus dem ersten Jahrgang.

Beide Zuchtstämme brachten erstaunlicherweise einige brauchbare Tiere mit Rosenkamm hervor. Somit war der Grundstock – laut Aussage von G. Fichtner – gelegt.

Die Augen wie auch Lauffarbe brachten allerdings über Jahre hinweg große Probleme mit sich, wobei die Standhöhe aus der Verpaarung mit den reinerbigen einfachkämmigen Orpington in Ordnung war. Viele 1,0 zeigten allerdings graues Untergefieder und Schilf in der Besichelung.

Im Jahre 2001 wurde ein 1,0 aus der F2-Generation mit einer reinerbigen 0,1 Orpington mit Einfachkamm gepaart, wodurch eine ordentliche Verbesserung der Rahmengröße (Würfel und Volumen) sowie der Lauf- und Augenfarbe erzielt wurde.

Aus dieser Verpaarung fielen zwei Tiere mit hochfeinen Einfachkämmen, die in der Schausaison mit Höchstpreisen bedacht wurden; die restlichen Jungtiere zeigten schon beachtliche Rosenkämme, die aber noch sehr grob waren.

Die Basis für die Zukunftsarbeit war jedoch gelegt. Schwierigkeiten hatte der Herauszüchter allerdings über Jahre hinweg mit der Größe und dem Volumen, da die Ursprungstiere zu klein waren.

Im Jahre 2002 wurde die Nachzucht von dem Stamm 1,0 Rosenkamm an reinerbige 0,1 schwarze einfachkämmige gepaart.Das Ergebnis war verblüffend. Augen- und Lauffarbe, Standhöhe und Größe wurden schlagartig deutlich verbessert. Negativ fielen die immer noch teilweise gelben Fußsohlen und leider immer noch recht unschöne Rosenkämme auf. Auch gab es sehr viele Tiere mit Einfachkämmen und enormen Auswüchsen an den Kammfahnen.

2003 errang G. Fichtner erstmals auf einen gelben 1,0 rosenkämmigen Orpington auf der Hauptsonderschau V 97 Punkte. Diesen Hahn setzte er mit 0,3 rosenkämmigen schwarzen aus BR 2002 zusammen, wodurch ihm der „große Wurf“ gelang. Er selbst bezeichnet diese Paarung als „Durchbruch“.

Die Nachzucht zeigte 50 % Tiere mit Rosenkamm, prima Anstieg und deutlich mehr Unterlinie – wie in den Jahren zuvor. Die Jungtiere waren zudem deutlich kräftiger, die bisher schlechte Augen- und Schnabelfarbe war fast verschwunden!

Im Jahr 2003 zeigte G. Fichtner auf der HSS in Rottleben erstmals einen Stamm (1,2) in beachtlicher Qualität, der allerdings ohne Bewertung blieb, da die Anerkennung noch in weiter Ferne lag.

2004 stellte er den Antrag zur Vorstellung beim BZA.

Ab 2004 wurden dann die unterschiedlichsten Paarungen vorgenommen, wie zum Beispiel:

- Rosenkamm x Rosenkamm
- Rosenkamm x schwarz reinerbig einfachkämmigem Orpington
- 1,0 Rosenkamm x Einfachkämmig aus Rosenkamm
- 1,0 einfachkämmig x 0,1 aus Rosenkamm x Rosenkamm

Die Basis, der Erfolg und der Durchbruch waren geschafft.

In Leipzig 2004 wurden die ersten schwarzen rosenkämmigen Orpington vom Herauszüchter ausgestellt. In den Folgejahren wurden immer wieder Tiere im Aner-

1,0 Orpington, schwarz mit Rosenkamm.

kennungsverfahren vorgestellt, allerdings gab der BZA erst im Jahre 2009 „grünes Licht“ und erkannte die schwarzen Orpington mit Rosenkamm auf der Bundesschau in Leipzig an.

Unserem Zuchtfreund und Sonderrichter G. Fichtner gilt unser Dank und unsere Anerkennung für das Geleistete; vor allem für die vielen Jahre züchterischer Arbeit, die geprägt waren von Fleiß, Rückschlägen, Ausdauer, aber auch großen finanziellen Opfern!

Mögen die gelben wie auch schwarzen rosenkämmigen Orpington viele Freunde und Liebhaber finden, damit sie sich unter den zwölf Farbenschlägen der einfachkämmigen Orpingtonfamilie etablieren und eine Zuchtbasis erreichen, wovon der Herauszüchter träumt. Mögen sie nie wieder ein solch tragisches Schicksal erleiden wie im Zweiten Weltkrieg. Sie sind wieder auferstanden und stehen unserer Nachwelt zur Verfügung. Machen wir was draus!

Wer Interesse hat bzw. wer sich den rosenkämmigen Orpington, ob in gelb oder schwarz, widmen möchte, wende sich zwecks Bruteier, Küken oder Jungtiere an Gerd Fichtner, Brachstedt.

Kennfarbige Orpington

Die Orpingtonzüchter führen seit 2010 regelmäßig rassebezogene Europaschauen durch. In den Niederlanden und auch in Dänemark ist der Farbenschlag Kennfarbig seit Längerem anerkannt. Dieser Farbenschlag ist nicht nur sehr attraktiv im Aussehen, er hat durch die Geschlechtererkennung beim Eintagsküken einen weiteren Vorteil. Es war also nur eine Frage der Zeit, bis auch in Deutschland Züchter diesen Farbenschlag zur Anerkennung bringen.

1,0 Orpington, kennfarbig

Die Zuchtgemeinschaft Saskia Veit-Prang und Ralf Jäger begannen mit Tieren, die schon in Deutschland vorhanden waren. Dieses Material genügte aber nicht den Rasseanforderungen. Durch Bruteier aus Dänemark und Tieren aus Frankreich konnte die Qualität weiter gesteigert werden. Bei der weiteren Verbesserung der Tiere erhielten sie eine sehr umfangreiche Unterstützung durch den SV. Auf der Hauptsonderschau 2019 in Waidhaus wurde erstmals ein 1,0 mit hv bewertet. Im gleichen Jahr gelang der Zuchtgemeinschaft Saskia Veit-Prang und Ralf Jäger die Anerkennung durch den BZA.

Gründung des Clubs Deutscher Orpingtonzüchter

Im Jahre 1907/08 wurde der „Club Deutscher Orpingtonzüchter“ in Dresden gegründet.

Zum Vorsitzenden wurde Walter Gasch, Dresden, gewählt. Weitere namhafte Mitbegründer waren: Kurt A. Meißner und Philipp Forker aus Dresden, Carl Eberhard aus Tharandt, Dr. Paul Trübenbach aus Grüna bei Chemnitz, Robert Müller aus Coswig und Dr. Lavalle.

Dr. Lavalle hatte bereits 1905 auf der „Nationalen“ in Dresden die ausgestellten Orpington bewertet und eine Musterbeschreibung unter Betonung des würfelförmigen Körpers aufgestellt, die noch heute Leitgedanke für die Zucht dieser Hühnerrasse ist.

Der Wert solcher Vereinsgründungen und Zusammenschlüsse zeigte sich sehr bald und nachdem auch in Süddeutschland der „Club Süddeutscher Orpington-Züchter“ im Jahre 1907/08 unter dem Vorsitz von Jakob Kramm aus Mannheim gegründet war, begann der eigentliche Siegeszug der Orpington durch ganz Deutschland.

Siegeszug und Rückschlag

Wie gewaltig dieser Siegeszug war, zeigen am besten die Ausstellungszahlen. Im Jahre 1903 waren auf der „Nationalen“ in Berlin 25 Tiere zu sehen, bereits 1910 konnten auf der „Nationalen“ in Berlin 511 Orpington bewundert werden.

Einen erheblichen Rückschlag in der Vereinsarbeit verursachte der Erste Weltkrieg, der die Freunde der Orpingtonzucht genauso wie alle anderen Vereine sehr in Mitleidenschaft zog.

Einsatz und Opferbereitschaft aller Freunde der Rassegeflügelzucht schafften es jedoch sehr bald nach Kriegsende wieder die einzelnen Zuchten zu vervollständigen und zu ergänzen.

So konnte man schon im Jahre 1920 in Dresden wieder 139 Orpington in acht Farbenschlägen auf der „Nationalen“ ausstellen. 1921 waren es sogar schon wieder 304 Tiere.

Weitere Vereinsgründungen folgten im Jahre 1922 mit der „Vereinigung Westdeutscher Orpington-Züchter“ in Essen mit dem Vorsitzenden Ludwig Weibler aus Rheinhausen und in Thüringen unter dem Vorsitzenden Weise aus Gera.

„Bootsform“

Enorme Schwierigkeiten bereiteten den neu gegründeten und äußerst aktiven Vereinen in Deutschland die Bewertungen der ausgestellten Orpington, da zu diesem Zeitpunkt noch von der Bootsform nach der amerikanischen Musterbeschreibung die Rede war und keine einheitliche deutsche Musterbeschreibung vorlag, sodass erhebliche Differenzen aufgetreten sind.

In einer Stellungnahme zu einem Beitrag von J. Eickel in der Fachpresse nahm Franz Bienen am 4. Januar 1923 Stellung: „Bemerken möchte ich noch, dass bei dem heutigen ‚Ausstellungstyp‘, wie ihn Herr E. nennt, zu kurz zusammengeschobene Formen, die bei dem schwarzen Farbenschlag ziemlich häufig sind, bei den Gelben selten vorkommen. Jedenfalls haben Tiere mit zu hoher Stellung, deren Hinterteile zudem weit herausgeschoben sind und zu lange Schwänze zeigen, wodurch die vorschriftsmäßige Würfelform des Gesamtumrisses sehr leidet – nach der amerikanischen Musterbeschreibung die sogenannte bootsförmige Linie aufweisen – wie Herr E. sie anscheinend wünscht, in Deutschland keinen Anspruch auf höhere Bewertung.“

Der Reichsverband der Orpingtonzüchter-Vereine

Gelöst wurde dieses Problem durch die Gründung eines Reichsverbandes der Orpingtonzüchter-Vereine am 4. Dezember 1926 anlässlich der „Nationalen“ in Köln. Vorsitzender wurde Kurt A. Meißner aus Dresden und Geschäftsführer Ludwig Weibler aus Rheinhausen.

Diesem Reichsverband der Orpingtonzüchter-Vereine gehörten an:

- Club Deutscher Orpingtonzüchter als Gau 1
- Club Süddeutscher Orpingtonzüchter als Gau 2
- Vereinigung Westdeutscher Orpingtonzüchter als Gau 3
- Norddeutsche Orpingtonzüchter-Vereinigung als Gau 4
- Club Thüringer Orpingtonzüchter als Gau 5

Erste einheitliche Musterbeschreibung

Bei der Gründungstagung wurde erstmals eine einheitliche Musterbeschreibung aufgestellt, die noch heute bezüglich der Hauptrassemerkmale ihre Gültigkeit besitzt.

Die damaligen Preisrichter Weibler, Bienen, Bögershausen, Hoffmann, Winzer, um nur einige zu nennen, wachten eifrig da-rüber, dass die Musterbeschreibung konsequent eingehalten wurde und so bis heute echte Wertmaßstäbe angelegt werden können.

Der weiteren erfolgreichen Zucht kam zugute, dass es sich bei den Orpington nicht nur um sehr schöne Tiere handelt, was die Zucht schon alleine rechtfertigen würde, sondern dass diese Rasse auch wirtschaftlich höchsten Anforderungen genügt. Besonders in Ostpreußen, wo in der Nähe der kalten Ostsee ein sehr raues Klima herrscht, konnten die Orpington ihre Qualitäten im Hinblick auf Wetterhärte und Legeleistung unter Beweis stellen.

Vor allem die weißen Orpington erzielten auf dem Wettlegehof in Metgetben hervorragende Ergebnisse.

Aber auch der gelbe Farbenschlag, den Dr. Reinhardt aus Gütergotz bei Berlin züchtete, war nicht nur äußerst formschön, sondern brachte eine Legeleistung von über 200 Eiern pro Henne im Jahr.

Umbenennung in Sonderverein

Zwischen den beiden Weltkriegen nahm die Orpingtonzucht einen weiteren Aufschwung. Im Zuge einer Umorganisation entstand nach 1933 aus dem „Bund Deutscher Geflügelzüchter“ die „Reichsfachschaft Deutscher Rassegeflügelzüchter“. Alle dieser Reichsfachschaft unterstellten Verbände wurden in Sondervereine umbenannt.

Somit war der „Sonderverein Deutscher Orpingtonzüchter“ entstanden, der noch heute ein Begriff für hervorragende Rassegeflügelzucht ist, und wir dürfen zuversichtlich sein, dass er dies auch in Zukunft bleiben wird.

Kriegswirren und Neubeginn

Leider gingen in den Wirren des Zweiten Weltkriegs viele wertvolle Zuchttiere verloren. Zwischenzeitlich waren auch alle seltenen Rassen und Farbenschläge verboten worden und durften auf Ausstellungen nicht mehr gezeigt werden. Somit blieben von den Orpington bis zum Jahre 1945 offiziell nur die vier verbreitetsten Farbenschläge Schwarz, Weiß, Gelb und Blau übrig. Die Farben Rot, Rebhuhnfarbig, Porzellanfarbig, Schwarz-Weißgetupft und Gestreift wurden verboten.

Die Folgen des unseligen Krieges und die nachfolgende Teilung unseres Vaterlandes, die bis zum Jahre 1989 andauern sollte, wirkten sich verheerend auf unsere Zucht aus. Im westlichen Teil, der Bundesrepublik Deutschland, waren nur noch wenige Zuchttiere verblieben und alle Versuche, Kontakte durch den Eisernen Vorhang zu den Orpingtonzüchtern der Ostgebiete zu knüpfen, waren ergebnislos. Alle Anläufe, eine Verbindung mit dem mitteldeutschen Bezirk aufzunehmen, scheiterten und wurden schließlich weitgehend aufgegeben. Wie aus einer Niederschrift zu entnehmen ist, hat der letzte Kontakt zwischen Ost und West vor der späteren Wende im Jahre 1952 stattgefunden.

Somit waren Westen und Osten nach dem Kriege völlig auf sich allein gestellt, und es war Franz Bienen aus Rheinberg, der mit ungeheurer Energie und Ausdauer alle Züchter sofort nach dem Kriege erneut aufrief, den „Sonderverein Deutscher Orpingtonzüchter" wieder aufleben zu lassen, und der es auch schaffte, dass die während des Krieges verbotenen Farbenschläge wieder anerkannt wurden. Was die Farbenschläge anbetrifft, so ist es noch interessant, dass Schwarz, Weiß, Gelb, Blau, Schwarz-Weißgetupft und Porzellanfarbig in England herausgezüchtet wurden, dass jedoch die Roten, Gestreiften, Rebhuhnfarbig-Gebänderten, Birkenfarbigen und Gelb-Schwarzgesäumten deutsche Züchtungen sind.

Wiedervereinigung

Eine gewaltige Aufgabe kam auf den Verein nach der Wende und der politischen Zusammenführung von Ost und West im Jahre 1989 zu. Alle Bemühungen waren darauf ausgerichtet, die Orpingtonzüchter aus Ost und West wieder zu einem Verein zusammenzuschmelzen. Bereits am 3. November 1990 wurden erste Kontakte aufgenommen, der erwünschte Erfolg blieb jedoch zunächst aus. Bei der entscheidenden Tagung zwischen der SZG und dem SV Deutscher Orpingtonzüchter sowie dem SV der Zwerg-Orpington-Züchter fehlten die offiziellen Personen der SZG. Es waren noch viele Gespräche über den Zusammenschluss im Vorstand notwendig, bis am 4. Mai 1991 bei der Jahreshauptversammlung der SZG in Grunewald unter Leitung des 1. Obmanns Dieter Hohlfeld erstmals wirklich konkrete, konstruktive Gespräche zwischen den beiden Sondervereinen zustande kamen.

Der 1. Vorsitzende des Verbandes der SV für Hühner, Groß- und Wassergeflügel, Heinz Möller, hatte dringend angeraten, den Zusammenschluss so voranzutreiben, dass bis zum 31. Dezember 1991 alle Sondervereine im Bund Deutscher Rassegeflügelzüchter zusammengeführt sein sollten.

Bei der besagten Jahreshauptversammlung war der SV Deutscher Orpingtonzüchter durch die Vorstandsmitglieder Klaus Kuhn, Jürgen Heil und Wilfried Großheimann vertreten. Diese trugen der SZG die Wünsche und Vorstellungen des Sondervereins vor und wiesen besonders darauf hin, dass man einzelne Bezirke nicht befürworten könne. Die SZG-Kasse sollte in den Händen der früheren SZG-Mitglieder bleiben. Die bei der Jahreshauptversammlung geäußerten Wünsche der SZG wurden von Geschäftsführer Heil am 26. Mai 1991 bei einer Vorstandssitzung des geschäftsführenden Vorstands in Flonheim vorgetragen.

Mit Schreiben vom 13. Mai 1991 hatte der 1. Obmann der SZG die zur Wahl vorgeschlagenen Mitglieder genannt, die in den Vorstand des SV Deutscher Orpingtonzüchter entsandt werden sollten. Es waren dies Dieter Hohlfeld als 3. Vorsitzender im SV, Wolfgang Krien als Beisitzer und als regionale Zuchtwarte die Herren Mager für Sachsen, Ehrenberg für Sachsen-

Anhalt, Hahn für Thüringen, Kliewe für Mecklenburg-Vorpommern und Grell für Berlin-Brandenburg.

Nachdem nun im Großen und Ganzen in allen Punkten Übereinstimmung erzielt war, stand dem endgültigen Zusammenschluss nichts mehr im Wege. Der offizielle Termin für diesen Zusammenschluss wurde auf den 16. Juni 1991 festgelegt. Durch die damit verbundene Änderung im Vorstand wurde noch eine Satzungsänderung notwendig, die beantragt und beschlossen wurde.

Bei der Jahreshauptversammlung am 16. Juni 1991 in Weinheim wurde dann der feierliche Zusammenschluss vollzogen. Vom 1. Vorsitzenden des SV Deutscher Orpingtonzüchter, Rolf Daubenthaler, wurde die von ihm ausgearbeitete und genehmigte Niederschrift verlesen, die alle Vereinbarungen beider Sondervereine in sich vereinte.

Zuchtfreund Dieter Hohlfeld für die SZG und der 1. Vorsitzende des SV, Rolf Daubenthaler, stellten an die Jahreshauptversammlung den Antrag, diese möge durch Handzeichen die Genehmigung erteilen, die vom Geschäftsführer ausgearbeitete Zusammenführungsurkunde zu unterzeichnen. Diese Genehmigung erfolgte einstimmig und der Beschluss wurde durch Unterschrift vollzogen und mit einem Händedruck besiegelt.

Nach 40 Jahren der schmerzlichen Trennung sind wir nun wieder ein Deutscher Sonderverein. Aus der früheren SZG wurden 52 Mitglieder in die Mitgliederliste übernommen. Der Gesamtmitgliederbestand betrug am 16. Juni 1991 nun 304 Mitglieder. Die notwendigen Wahlen erbrachten folgende Ergebnisse:

Der Vorstand:
1. Vorsitzender: Rolf Daubenthaler, Eppingen-Mühlbach
2. Vorsitzender: Klaus Kuhn, Oberursel

Der Sonderverein heute

1.Vorsitzender: Edgar Kliewe
2.Vorsitzender: Daniel Lorenzen
Hauptzuchtwart: Reinhard Lawall
Schriftführerin: Ute Kleemann
Kassiererin: Claudia Konrad
Pressewartin: Anita Harms
Beisitzer: Gerd Fichtner, Dr. Miriam Laxa, Paul Cuypers, Mike Vetter

Musterbeschreibung

Herkunft: Deutschland, England.

Gesamteindruck: Durch den gedrungenen, kräftigen Körperbau und die waagerechte Körperhaltung erscheint eine massige Würfelform, die durch die tiefe, aber bodenfreie Stellung unterstrichen wird. Das Gefieder ist dicht und flaumreich.

Rassemerkmale Hahn:

Rumpf: Massig; breit und tief; fast einen Würfel bildend.

Hals: Mittellang; stark durch den vollen Behang; leicht gebogen.

Rücken: Breit aus den stark entwickelten Schultern kommend; durch den überfallenden, reichen Halsbehang und den zum Schwanz allmählich ansteigenden, federreichen Sattel kurz erscheinend; die Hals-Rücken-Schwanz-Linie bildet einen ausgeglichenen Bogen.

Schultern: Stark entwickelt; breit.

Flügel: Klein; fest anliegend; waagerecht getragen.

Sattel: Breit; voll befiedert. zum Schwanz ansteigend.

Schwanz: Kurz; aus dem vollen Sattel sehr breit; möglichst bis in Augenhöhe ansteigend; Steuerfedern durch zahlreiche Sicheln möglichst verdeckt.

Brust: Tief, breit; besonders voll entwickelt.

Bauch: Breit; voll; tief; flaumreich befiedert.

Kopf: Klein; gut gerundet.

Gesicht: Rot; von feinem Gewebe.

Kamm: Einfach; aufrecht stehend; niedrig; gleichmäßig mit 4 oder 5 Zacken versehen; mit nicht zu breiter, dem Nacken folgender Fahne.

Kehllappen: Mittelgroß; rund.

Ohrlappen: Rot; mittelgroß.

Augen: Farbe siehe unter Farbenschläge.

Schnabel: Kräftig; leicht gebogen; Farbe in Anlehnung an die Lauffarbe, meistens etwas heller.

Schenkel: Muskulös; durch flaumiges Gefieder verdeckt.

Läufe: Knapp mittellang; unbefiedert; breiter, eher tiefer, aber bodenfreier Stand; Farbe siehe unter Farbenschläge.

Zehen: Mittellang; gut gespreizt.

Gefieder: Voll; breit; wegen des vollen Flaumgefieders ziemlich weich, jedoch nicht locker.

Rassemerkmale Henne:

In der Form noch etwas gedrungener wirkend als der Hahn. Rücken noch deutlich sichtbar trotz der Federfülle in Hals- und Sattelbehang. Die ausgeglichene Bogenlinie vom Kopf über Hals, Rücken und Sattel bis zum Schwanzende muss gewahrt bleiben. Sattel sehr breit. Schwanz kurz und breit, die Steuerfedern von den langen Deckfedern fast eingedeckt, hoch getragen. Der höchste Punkt des Schwanzes liegt kurz vor dem Schwanzende. Der äußerste Punkt nach hinten liegt nicht in der oberen, sondern ungefähr an der dritten Steuerfeder. Im Stand breit und tief, aber bodenfrei.

Grobe Fehler Rassemerkmale:
Schmaler Körper; Cochinform; Rückenpolster (Vorpolster); zu lange oder nicht sichtbare Rückenlinie; hohe, flache Brust; hohe oder krüperhafte Stellung; langer, abkippender, spitzer oder stark offener Schwanz; schmale Federn; Weiß in Ohrlappen.

Farbenschläge

Gelb

Gleichmäßiges, sattes, glänzendes Gelb. Flaumgefieder und Federkiele gelb. Lauffarbe hellfleischfarbig. Augenfarbe orangerot.

Grobe Fehler:
Lichte, verwaschene oder dunkle rötliche Farbe; dunkel abgesetzte Flügeldecken; stark helle Flecken auf Rücken und Sattel junger Hennen; Weiß in Schwanz und Schwingen; graues Flaumgefieder im Rückenbereich.

Schwarz

Tiefgrün glänzendes Schwarz mit schwarzem Flaumgefieder. Lauffarbe schwarz. Augenfarbe schwarzbraun.

Grobe Fehler:
Mattes, bronze- oder violett glänzendes Gefieder; helles Flaumgefieder; Schilf; zu helle Lauffarbe; gelbe Sohlenfarbe.

Weiß

Rein weiß. Lauffarbe hellfleischfarbig. Augenfarbe orangerot.

Grobe Fehler:
Gelber Anflug; andersfarbige Federn; stark bläuliche Lauffarbe.

Blau-Gesäumt

Ein reines Taubenblau als Grundfarbe. Jede Feder durch einen dunklen Saum begrenzt. Hals- und Sattelbehang, Rücken und Flügeldecken beim Hahn schwarzblau. Halsbehang der Henne dunkler als das Körpergefieder. Schwanz blau. Lauffarbe schieferblau. Augenfarbe dunkelbraun, bei der Henne dunkler als beim Hahn.

Grobe Fehler:
Zu helles Blau; fehlende Säumung; starker Rost in den Behängen; bräunliche oder rußige Grundfarbe; stark fleckige Grundfarbe.

Splash

Grundfarbe bei Hahn und Henne ein gleichmäßiges, gräuliches Weiß bis sehr helles Blaugrau im gesamten Gefieder mit unregelmäßigen, unterschiedlich großen, dunkleren blauen Flecken auf den Federn. Einzelne schwarze Flecke gestattet. Die Zeichnung möglichst harmonisch und gleichmäßig über das gesamte Körpergefieder, einschließlich des Schmuckgefieders beim Hahn, verteilt. Lauffarbe schieferblau. Augenfarbe dunkelbraun, bei der Henne dunkler als beim Hahn.

Grobe Fehler:
Zu dunkle Grundfarbe; stark ungleichmäßige Zeichnungsverteilung; Säumung; Sperberung; stark gelber Anflug; Grünglanz; Rost; Schilf.

Handschwingen überwiegend schwarz mit braunen Einlagerungen und mehr oder weniger großen, weißen Federenden. Steuerfedern schwarz mit weißen Federenden. Sichelfedern glänzend schwarz mit weißen Federspitzen.

Henne: Grundfarbe im Farbton etwas heller als beim Hahn. Im Körpergefieder möglichst gleichmäßig gezeichnet, dabei jede Feder mit schwarzem Endtupfen und weißer Perle am Federende. Schwingen wie beim Hahn.

Steuerfedern schwarz mit braunen Einlagerungen und weißen Federenden. Lauffarbe hellfleischfarbig. Augenfarbe orangerot.

Grobe Fehler:

Zu helle, gelbliche Grundfarbe; zu grobe, verwaschene Perlzeichnung, insbesondere bei Jungtieren; fehlendes Braun in der Brust beim Hahn; schwarze Brust bei der Henne; viel schwarze Einlagerungen im Mantelgefieder; rein weiße Federn im Körpergefieder; überwiegend rein weiße Hand- oder Armschwingen sowie Schwanzfedern, auch bei Alttieren.

Gelb-Schwarzgesäumt

Hahn: Kopf dunkelgoldgelb. Halsbehang goldgelb mit angedeuteten schwarzen Schaftstrichen und schwarzer, saumartiger Zeichnung am Federende. Sattelbehang dunkelgoldgelb; schwarze Federenden sowie schwarzer Saum gelten als Vorzug. Rücken und Flügeldecken satt dunkelgoldgelb bis goldbraun, im Farbton wesentlich intensiver als das übrige Gefieder. Die großen Flügeldeckfedern (Binden) sattdunkelgelb bis zimtfarbig und klar schwarz gesäumt. Armschwingen (Flügeldreieck) dunkelgoldgelb bis zimtfarbig mit mehr oder weniger ausgeprägter schwarzer Säumung der Außenfahnen und halbmondförmigem, schwarzem Saum am Federende. Handschwingen-Innenfahne schwarzbraun, Außenfahne goldgelb bis zimtfarbig; schwarz meliert und etwas weiße Spitzen gestattet. Brust dunkelgoldgelb bis zimtfarbig mit breiter, lackreicher, schwarzer Säumung. Schenkel und Bauch wie Brust, jedoch im Saum noch breiter. Aftergefieder grau bis schwarz erscheinend. Schwanzdeckgefieder dunkelgoldgelb bis zimtfarbig mit lackreicher, schwarzer Säumung. Steuerfedern zimtfarbig mit halbmondförmigem, schwarzem Saum an den Federenden; schwarz meliert gestattet.

Henne: Hauptfarbe dunkelgoldgelb bis zimtfarbig, jede Feder des Mantelgefieders mit möglichst gleich breitem, schwarzem Saum; im Gesamtbild etwas dunkler erscheinend als der Hahn. Halsbehang dunkelgoldgelb, durch sehr breite schwarze Säumung oft fast schwarz wirkend. Schwingen, Bauch- und Aftergefieder sowie Steuerfedern wie beim Hahn. Etwas weiße Spitzen an den Handschwingen und leicht schwarz melierte große Schwanzdeckfedern vorerst gestattet. Lauffarbe fleischfarbig, bei der Henne grauer Anflug gestattet. Augenfarbe orangerot, bei der Henne leichte braune Einlagerungen gestattet.

Grobe Fehler:

Beim Hahn: Zu helle, messingfarbige Behänge; fehlende Säumung auf der Brust, den Schwanzdeckfedern sowie den größeren Flügeldeckfedern (Binden); zu rote, braune oder zu helle Farbtöne.

Bei der Henne: Zu dunkle, zu helle oder fleckige Hauptfarbe; helle Nervzeichnung; mangelhafte Säumung.

Bei Hahn und Henne: Fehlende Schenkelzeichnung; starke Rieselung oder Pfefferung im Federmittelfeld; stark aufgehelltes Aftergefieder; Schilf; fleckige Lauffarbe rein braune Augenfarbe.

Gewichte: Hahn 1500 g, Henne 1300 g.
Bruteier-Mindestgewicht: 40 g.
Schalenfarbe der Eier: Hellbraun.
Ringgrößen: Hahn 15, Henne 13.

Der heutige Zuchtstand der Zwerg-Orpington

Die Form macht eine Rasse aus und bei der in der Geflügelwelt recht seltenen Würfelform trifft das in ganz besonderem Maße zu. Wenn Körperlänge und -höhe ein Quadrat in der Seitenansicht gut ausfüllen, ist das schon eine gute Grundlage. Perfekt wird die Sache aber erst, wenn auch die Körperbreite die gleiche Dimension erreicht und das ganze Tier in einen gedachten Würfel passt. Letzteres ist züchterisch wohl das Schwierigste, wobei eine breite Schulterpartie viel dazu beiträgt. Welche Kriterien müssen nun erfüllt sein, um zu einem idealen Würfel zu kommen? Zuerst bedarf es einer tief herunterreichenden, voll entwickelten und breiten Brust. Ein tiefer, flaumreicher Bauch rundet die Unterlinie ab. Die Läufe sollten dabei in der Körpermitte sein, sodass der Körper waagerecht steht und ein Abkippen verhindert wird. Das Schenkelgefieder wünschen wir uns nicht zu locker, denn zirka zwei Finger breit sollten die Läufe zu sehen sein. Ein zu tiefer, krüperhafter Stand wird abgelehnt. Der obere Rand des Würfels wird von der Hals-Rücken-Schwanz-Linie geprägt. Der mittellange Hals soll reichlich Behangfedern aufweisen und leicht gebogen sein. Trotz des ausgeprägten Behanges in Hals und Sattel wünschen wir uns ein sichtbares Stück Rücken, wobei der Übergang fließend in einem ausgeglichenen Bogen erfolgen sollte. Ohne Rücken wirken die Tiere zu kurz und auch ein zu langer Rücken ist abzulehnen und stört den harmonischen Würfel. Die schon bei den Läufen erwähnten „zwei Finger breit" können auch hier eine Orientierung sein. Das A und O eines perfekten Würfels ist aber der Schwanzabschluss. Wenn sonst schon alles stimmt, gibt es hier nach wie vor die meisten Probleme. Der Rücken soll in gleicher Breite in die Schwanzpartie übergehen und gleichmäßig ansteigen. Der höchste Punkt des Schwanzes liegt idealerweise kurz vor der Schwanzspitze, der hinterste Punkt, insbesondere bei den Hennen, in der dritten Steuerfeder von oben gesehen. Haben wir den höchsten Punkt des Schwanzes etwa in einer Linie mit dem Auge, ist schon viel erreicht. Eine volle und geschlossene Eindeckung der nicht durchstoßenden Steuerfedern durch die Besichelung des Hahnes und die Deckfedern der Henne runden diesen Bereich ab. Eckige Übergänge und Polster stören die Ideallinie und sind im Schaukäfig verpönt.

Wenn wir letztlich auch in der Draufsicht ein Quadrat auflegen können, wird auf der Bewertungskarte unter Vorzüge die Würfelform erwähnt sein und wir haben das Hauptkriterium bei der Beurteilung der Zwerg-Orpington erfüllt.

Die der Körpergröße angepassten kleinen Flügel müssen fest anliegen und waagerecht getragen werden. Hängeflügel sind verpönt, wobei man bei der Beurteilung unruhiger Hähne vorsichtig herangehen sollte. Sowohl Tiere mit Flügellücken als auch solche, die sich sehr langsam befiedern, sind unbedingt zu selektieren, da sich derartige Fehler hartnäckig vererben.

Zu diesen Formattributen passt am besten ein kleiner und gut gerundeter Kopf mit einem roten Gesicht von feiner Struktur. Dunkelgesichtige oder blasse Tiere sind relativ selten geworden, treten aber vereinzelt noch immer auf, ebenso Emaille in den Ohrlappen. Hier hilft nur konsequentes Selektieren. Der Kamm wird im Standard mit einfach, aufrecht stehend, niedrig, gleichmäßig mit 4 oder 5

Zacken versehen und mit nicht zu breiter, dem Nacken folgender Fahne beschrieben. Was die Größe betrifft, orientieren wir uns an der Formulierung niedrig, denn ein zu großer Kamm passt nicht zu einer insgesamt sehr wuchtigen Gesamterscheinung. Ein derzeit viel diskutiertes Thema sind die Kehllappen, die mittelgroß und rund gefordert werden. Es ist darauf hinzuarbeiten, dass sie nicht aufklappen und sich harmonisch dem Gesamtbild anpassen. Das Fingerspitzengefühl der Preisrichter ist hier gefragt. Letztlich wird der Kopf durch einen kräftigen und leicht gebogenen Schnabel abgerundet. Lange Schnäbel, die von Zeit zu Zeit auftauchen, sind auszumerzen.

Ein Problem, welches so alt ist wie unsere Rasse, ist das Gewicht. Im Allgemeinen sagt man ja, dass die verzwergten Rassen ein Drittel des Gewichtes und zwei Drittel der Größe im Vergleich zur jeweiligen Großrasse verkörpern sollen. Im Jahr 2003 wurde durch den Bundeszuchtausschuss einer Erhöhung des Standardgewichtes auf 1500 g beim Hahn und 1300 g bei der Henne zugestimmt. Den wuchtigen Orpington steht nun ein entsprechendes Äquivalent bei den Zwergen gegenüber. Mit diesem Zugeständnis werden die oben genannten Kriterien weitestgehend erreicht, und nun gilt es sowohl für die Züchter als auch für die Preisrichter verantwortungsbewusst damit umzugehen. Größeren Abweichungen nach oben ist entschieden entgegenzuwirken, und auch zu kleine „püppchenhafte" Tiere sind in der Bewertung zurückzusetzen.

Im Folgenden soll der gegenwärtige Zuchtstand der 14 in Deutschland anerkannten Farben eingeschätzt und kurz auf die in den Nachbarländern darüber hinaus vorhandenen Farbenschläge eingegangen werden.

Gelb

Anders als bei den großen Vettern nehmen die gelben Zwerge in der Beliebtheitsskala bei den Züchtern derzeit „nur" den zweiten Rang ein. Mit Fug und Recht kann man aber sagen, dass diese Farbe zu denen gehört, die am besten durchgezüchtet sind. Die Spitzenzuchten präsentieren immer wieder Perlen in Form und Farbe.

Besonders die Hennen zeigen typische Unterlinien und eine gute Körperbreite. Die Abschlüsse sind der züchterische Schwerpunkt, da oftmals abfallende Schwanzpartien zu beobachten sind. Hier kommt es darauf an, dass auf eine richtige und feste Steuerfederlage geachtet wird.

Die Hähne zeigen in der Form eine relativ breite Streuung. Zu kleine Tiere mit zu kurzen und schmalen Körpern gehören nicht in den Zuchtstamm, ebenso jene mit einer flachen Rückenlinie. Fehlende Brusttiefe lässt sich durch gezielte Anpaarung geeigneter Hennen ausgleichen. Die

0,1 Zwerg-Orpington, gelb (R. Kreher, Münster)

Kämme mit breit angesetzten Zacken und die Kehllappen haben meistenteils die richtige Größe und Struktur, jedoch muss verschiedentlich auf eine feurig rote Gesichtsfarbe geachtet werden. Eine gleichmäßige, satte und glänzende gelbe Farbe, wie sie der Standard verlangt, begeistert jeden Betrachter. In dieser Frage gibt es noch die meisten Schwierigkeiten. Die Hähne dürfen in den Behängen glanzreicher sein, farblich sollen sie aber nicht absetzen, das heißt strohige oder zu rote Farbe ist zu strafen. Auch dunkle Flügeldecken sind verpönt. Um eine möglichst einheitliche Mantelgefiederfarbe zu erreichen, spielt das Untergefieder eine wesentliche Rolle. Das Flaumgefieder muss ebenso wie die Federkiele gelb sein. Geringe Farbnuancen im Gelb sind eher zweitrangig, wenn nur das Mantelgefieder gleichmäßig durchgefärbt ist. Die Pflege und Haltung ist gerade bei den Gelben ein wichtiges Kriterium und der weitgehende Schutz vor Regen und zu viel Sonne unbedingt erforderlich.

1,0 Zwerg-Orpington, gelb (R. Kreher, Münster)

Schwarz

Zweifellos seit Jahrzehnten der Paradefarbenschlag der Zwerg-Orpington. Züchter und Preisrichter können, ja sie müssen sogar höchste Maßstäbe ansetzen, um das erreichte Zuchtniveau zu erhalten und zu verbessern. Trotz der Tatsache, dass dieser Farbenschlag die mit Abstand größte Verbreitung besitzt, bietet er immer noch ein großes züchterisches Betätigungsfeld. Die alljährlich von vielen verschiedenen Züchtern gezeigten Spitzentiere beweisen aber, dass die Basis breit gestreut ist. In der Form treten keine allzu großen Schwierigkeiten auf, jedoch zeigen viele Hähne noch Schwächen in der Abschlussfülle und im Anstieg. Eine ausreichend lange und feste Steuerfeder ist dazu vonnöten. Ebenso wirkt ein waagerecht getragener Flügel noch förderlich, um eine ansprechend ausgerundete Oberlinie vollendet zu zeigen. Hin und wieder darf auch die Brustpartie noch etwas voller sein. Diese ist bei den Hennen fast ausnahmslos in ausreichender Fülle vorhanden und bewirkt zusammen mit der federreichen Hinterpartie eine harmonische Unterlinie.

Aufmerksamkeit ist dem häufig zu bauschigen Schenkelgefieder zu widmen, welches die Läufe nicht vollständig verdecken darf. Die Oberlinie wird oft durch eine untypische Rückenpolster- und leichte Nackenbildung gestört, welche eine ausgewogene Hals-Rücken-Schwanz-Linie verhindert. In der Körperbreite und Standhöhe haben sie auch weiterhin Vorbildcharakter. Das Körpergewicht und die Größe dürfen jedoch nicht an Beachtung verlieren. Zu große Kämme, wie noch vor wenigen Jahren stark verbreitet, sind im Zuge der Diskussion um die Kehllappen fast gänzlich verschwunden. An Substanz und Festigkeit in den Kopfpunkten muss jedoch weiter gearbeitet werden. Eine zu schmale Zackung der Kämme bei Hahn und Henne kommt

0,1 Zwerg-Orpington, schwarz (M. Merget, Karlstein)

im Moment noch häufig vor. Die schwarzbraune Augenfarbe ist weitgehend gefestigt, nur die Lauffarbe (schwarz) darf vielfach noch intensiver sein. Farblich gibt es kaum Kritikpunkte, da die grünlackreiche Farbe sehr einheitlich gezeigt wird und in den Zuchten fest verankert ist. Tiere mit einer glanzlosen Farbe, mit bronzenen Einlagerungen oder gar violetter Bänderung haben keine Chance in Zucht und Ausstellung.

Die Intensität des Grünlacks könnte ab und an noch besser sein, aber bei den Spitzentieren zeigt sich kontinuierlich eine harmonische und gleichmäßige Farbgebung.

Weiß

Unsere Weißen gehören zwar zu den ältesten Farbenschlägen, die Verbreitung war aber zu allen Zeiten sehr gering. Es sind wohl die rassespezifischen Zuchtschwierigkeiten, die eine ähnliche Zuchtbreite, wie zum Beispiel bei den weißen Zwerg-Wyandotten, verhindern. In Form und Farbe vollendete Weiße mit einem leuchtend roten Köpfchen sind für jeden Geflügelfreund eine wahre Augenweide.

Die wenigen aktiven Züchter dieser Farbe verstehen es immer wieder Spitzentiere zu präsentieren, andererseits stehen aber auch Tiere zur Schau, denen noch einiges am Orpingtontyp fehlt. Zu grobe

0,1 Zwerg-Orpington, weiß
(B. Nielsen, Hjörring, DK)

Kopfpunkte bei beiden Geschlechtern haben keine Chance auf höhere Noten.

In den letzten Jahren ist ein deutlicher Aufschwung im Würfeltyp zu verzeichnen. In Körperbreite und -tiefe wurden die Tiere zusehends verbessert. Dennoch müssen vor allem die Hähne noch voller in der Brust- und Schwanzpartie werden.

Das Gefieder darf hier noch etwas flaumreicher und voller werden. Die Hennen zeigen sich da schon besser. Die vor Jahren verbreitete Kielbrust ist weitgehend verschwunden, und man trifft nur selten Tiere mit zu starkem Rückenpolster an.

Die hellfleischfarbigen Läufe und das orangerote Auge sind in allen Zuchten gefestigt. Die Gefiederfarbe muss rein weiß und ohne gelben Anflug sein. Tiere, die in diesem Merkmal versagen, sind auch für die Zucht unbrauchbar.

Blau-Gesäumt

Die spalterbigen Blau-Gesäumten gehören zu den züchterisch anspruchsvollsten Farben unserer Zwerg-Orpington. In der Vererbungslehre liegt die Ursache, dass in der Nachzucht nur etwa die Hälfte in Blau fällt, während 25 % schwarz und 25 % unsauber weiß sind. Eine höhere Anzahl an Jungtieren muss also von vornherein eingeplant werden.

Die fehlfarbigen Tiere können zur Zucht eingesetzt werden, jedoch sollten entsprechende Erfahrungen des Züchters vorhanden sein. Den größten Erfolg verspricht die Verpaarung von Blauen untereinander. Neulinge sind gut beraten, sich mit den „alten Hasen“ in der Zucht der Blau-Gesäumten zu beraten. Dies hilft Fehler zu vermeiden und Enttäuschungen vorzubeugen.

Besonders ist darauf zu achten, dass die Tiere im Körper nicht zu kurz werden. Der richtige Größenrahmen ist weitgehend vorhanden, die zu kleinen Tiere wie auch die Übergrößen sind nur noch vereinzelt anzutreffen. Die Abschlüsse wünschen wir uns im Steuer fester und in der Eindeckung geschlossener. Die geforderte rein taubenblaue Grundfarbe soll frei von braunen Tönen und andersfarbigen Einlagerungen sein. Perfekt wird das Farbbild durch einen möglichst gleichmäßig breiten, dunklen Saum. Eine breite Feder ist hier besonders wichtig, um die Säumung entsprechend zur Geltung zu bringen. Braun in den blauschwarz geforderten Behängen tritt immer wieder auf und ist zu strafen. Zu dunkle Tiere haben gegenüber denen mit sauberer Grundfarbe und ausgeprägter Säumung keine Chance.

Um die teilweise recht üppigen Kämme bei den Hähnen kleiner zu bekommen, setzt man am besten bei der Auswahl der Zuchthennen an. Diese sollten auf keinen Fall blasse Gesichter und Ohrlappen, sondern ein feurig rotes Gesicht mit einem dunkelbraunen Auge haben.

Feine Würfel mit klarer Grundfarbe und gleichmäßiger Säumung sind in beiden Geschlechtern regelmäßig auf den Schauen zu sehen, und solche Perlen sind der Beweis dafür, dass es möglich ist, dem Ideal nahezukommen.

0,1 Zwerg-Orpington, blau-gesäumt (Jörgen MIkkelsen, Hjörring)

Splash

Mit der Anerkennung der Splash folgte man der Grundidee, auch die 25 Prozent splashfarbigen Küken in der Zucht der Blau-Gesäumten zur Ausstellung zuzulassen. Es muss allerdings gleich dazu gesagt werden, dass die besten Zeichnungstiere aus der Verpaarung Splash x Splash fallen. Wer also Blau-Gesäumte züchtet, hat zwar immer ansprechende Formtiere in Splash, farblich können diese Tiere meist aber nicht mit ihren reinerbigen Vettern mithalten. Es empfiehlt sich also, wer farblich ansprechende Tiere züchten möchte, die Splash untereinander zu verpaaren. Denn im Gegensatz zu ihren blauen Vettern sind sie reinerbig.

Die Splash sollen möglichst kontrastreich sein. Die Grundfarbe dafür bildet in beiden Geschlechtern ein gleichmäßiges, gräulich erscheinendes Weiß bis hin zum sehr hellen Blau. Über das gesamte Gefieder erstrecken sich unregelmäßig und unterschiedlich große dunkelblaue Flecken auf den Federn. Je gleichmäßiger und ausgeprägter dieses Farbspiel auftritt, umso attraktiver wirkt das Gesamtbild. Der Behang des Hahnes soll leuchtend satt sein. Das geht nur mit einem kräftigen Schwarzblau. Nicht ganz so intensiv wirkt die Henne, die im Kopf dunkler ist, über das übrige Gefieder aber heller. Insgesamt gilt auch hier: Je harmonischer die Verteilung der Flecken ist, desto ansprechender wirkt die Farbe auf den Betrachter. Bei den Splash ist es besonders deutlich, dass jedes einzelne Tier ein Individuum ist. Denn zwei identisch gezeichnete Tiere wird man nicht finden. Und darauf wird auch nicht Wert gelegt. Vielmehr geht es um die Gleichmäßigkeit und Harmonie der Farbe insgesamt.

0,1 Zwerg-Orpington, splash (B. Vrangager, Dänemark)

Zehn Jahre nach ihrer Anerkennung können sich die Splash heute über einen kleinen, aber treuen Züchterstamm freuen. Dabei ist besonders hervorzuheben, dass die meisten Züchter neben ihnen gar keine Blau-Gesäumten züchten. Sie verpaaren sie untereinander, können sich aber jederzeit in der Zucht der Blau-Gesäumten züchterische Unterstützung holen. Heute sehen wir immer wieder sehr feine Würfeltypen. Nur bei der Gleichmäßigkeit der Farbe gibt es noch züchterische Arbeit zu leisten.

Rot

Der seltenste Farbenschlag unter den Einfarbigen sind die roten Zwerg-Orpington. Es sind wohl vor allem die farblichen Probleme, die eine weitere Verbreitung verhindern, denn die Spitzentiere der vergangenen Jahre bestachen, speziell bei den Hennen, durch eine feine Würfelform. Bei den Hähnen hatten die besten Würfeltypen vor allem mit einem zu hohen Stand und abfallender Flügelhaltung zu kämpfen. Bei der Lauf- und Augenfarbe gibt es kaum Probleme. Im Farbton der Grundfarbe sollte auch künftig ein geringer Spielraum toleriert werden, Reinheit und Gleichmäßigkeit aber im Vordergrund ste-

1,0 Zwerg-Orpington, rot (M. Merget, Karlstein)

hen. Der Standard fordert ein glänzendes, leuchtendes Braunrot. Eine nach Schwarz oder Braun tendierende Farbe muss verhindert werden. Es ist also darauf zu achten, dass auf den Decken und im Mantelgefieder kein Schwarz vorhanden ist. Aufgehelltes und fleckig werdendes Mantelgefieder der Hennen ist zu einem gewissen Teil auf die Legetätigkeit zurückzuführen. In diesem Fall muss man also, um bei gewissen Schauen die farbliche Blüte präsentieren zu können, den richtigen Brutzeitpunkt beachten. Auch beim Untergefieder sollten gewisse Zugeständnisse gemacht werden, der Federkiel aber durchgefärbt rot sein.

Die roten Zwerg-Orpington gehören zu den anspruchsvollsten Farbenschlägen der Rasse und sind eine echte Herausforderung für Züchter mit Durchhaltevermögen und Ausdauer.

Schokoladenfarbig

Hier ist der Name Programm, denn das gesamte Gefieder soll einen Farbton zeigen, der den Betrachter an Schokolade erinnert. Nur, Schokolade ist nicht gleich Schokolade! Unsere heutigen Schokoladenfarbigen gleichen weder einer hellen Vollmilchtafel noch einer dunklen Zartbittervariante. Und vielleicht liegt auch genau darin der Reiz dieser besonderen Spielart, die es bei den großen Orpington in Deutschland so noch nicht gibt.

Der Standard fordert ein gleichmäßiges, dunkles Braun. Dieses ist beim Hahn noch intensiver und auch glänzender gewünscht als bei der Henne. Schmuckgefieder beim Hahn und der Halsbehang bei der Henne werden etwas intensiver gefordert. Doch farblich absetzen dürfen sich die Hennen in der Hals- und Mantelgefiederfarbe nicht. Vielmehr kommt es auf die Gleichmäßigkeit an. Und bei den Schokos, wie sie gerne genannt werden, ist eigentlich alles braun außer Kamm und Kehllappen. Selbst die Läufe sind dunkel hornfarbig bis braun, von der braunen Augenfarbe erst gar nicht zu sprechen. Was die Feder angeht, wird Insbesondere ein rein brauner Federkiel gefordert. Das Untergefieder selbst darf etwas heller sein.

Rund ein Jahrzehnt nach ihrer Anerkennung in Deutschland haben es die Schokoladenfarbigen leider schwer. Es gibt nur ganz wenige Züchter, die sich intensiv mit ihnen beschäftigen und ihre Tiere auch in den größeren Wettbewerb stellen. Das war schon zu Beginn so, es folgte eine kleine Hochzeit in den Jahren 2014 bis 2016, wo ausgesprochen feine Tiere gezeigt wurden. Doch die führende Zucht wurde kurz darauf eingestellt. Seitdem sind sie fast wieder verschwunden. Heute freut man sich, wenn man wenigstens Tiere aus einer Zucht sieht. Doch es gibt noch viele Baustellen. Leider fehlt vielen immer noch die geforderte, rassetypische Würfelform. Dazu gesellen sich dann noch übergroße Kopfpunkte. Farblich können sie allerdings schon mithalten. Es bleibt zu hoffen, dass sich wieder mehr engagierte Züchter für diese Variante finden. Verdient haben sie es allemal.

Gestreift

Ein sauberes Streifungsbild auf das etwas lockere Federwerk der Zwerg-Orpington zu zaubern ist eine anspruchsvolle züchterische Aufgabe. In der Vergangenheit gelang es immer wieder, wunderschöne, kleine Würfel in Gestreift zu zeigen. Von einer breiten Spitze kann man aber in diesem Farbenschlag leider noch nicht sprechen. Die

1,0 Zwerg-Orpington, schokoladenbraun (H. Schellschmidt, Plessa)

1,0 Zwerg-Orpington, gestreift (W. Altmannsberger, Dietzenbach)

größte Schwierigkeit besteht darin, den typischen Abschluss zu erreichen. Dies ist vor allem der Tatsache geschuldet, dass es sehr schwierig ist die Steuerfedern in der notwendigen Festigkeit und Länge, gepaart mit der entsprechenden Streifung, zu erreichen. Die Anzahl der zu kurzen Dreiecktypen hat sich verringert, sie tauchen aber nach wie vor auf den Schauen auf und sind natürlich chancenlos. Die besseren Würfel sind zumeist bei den Hennen zu finden. Wichtig ist, dass auch das Untergefieder durchgezeichnet ist. Weißes oder zeichnungsloses Untergefieder ist zu strafen, ebenso Schilf in Schwanz und Schwingen. Der braune Anflug in den Behängen ist nicht mehr so häufig zu finden, taucht aber immer wieder auf. Geht die geradlinig geforderte Streifung in eine Sperberung über, dann verschwimmt das Zeichnungsbild. Gleiches ist der Fall, wenn das Federende nicht schwarz ist. Wichtig ist eine durchgezeichnete Brust der Hähne, die für eine gute Mantelfarbe bei den Hennen sorgt. Geringe Probleme gibt es bei den Kopfpunkten und der Augenfarbe. Zu beachten ist aber die Schnabelfarbe. Wenn auch der Standard nicht ausdrücklich darauf eingeht, so wünschen wir ihn uns möglichst hellfleischfarbig. Ein dunkel angelaufener Oberschnabel ist zu tolerieren, die teilweise auftretenden dunklen Schnäbel aber zu strafen. Ein etwas tieferer Stand wäre besonders manchen Hähnen zu wünschen. Gestreifte Zwerg-Orpington sind eine anspruchsvolle Aufgabe für engagierte Züchter.

Weiß-Schwarzcolumbia

Seit nunmehr genau zehn Jahren begleitet uns dieser junge Farbenschlag. Leider hat es das attraktive Farbspiel in den letzten Jahren noch nicht geschafft, eine größere Züchterschaft von sich zu überzeugen. Oftmals ist Herauszüchter Rudi Kreher

0,1 Zwerg-Orpington, weiß-schwarzcolumbia (B. Nielsen, Hjörring, DK)

noch alleiniger Aussteller auf den Sonderschauen. Doch es ist Bewegung im Spiel. In jüngster Vergangenheit stellten erstmals zwei Züchter ihre Tiere zur Hauptsonderschau aus. Und auch weitere Züchter sind bekannt, die sich mittlerweile mit der Farbe beschäftigen. So tauchen in den Katalogen vereinzelnd neue Namen auf. Auch wenn sie zusammen noch keine Handvoll ergeben, ist die Basis damit ein Stück weit sicherer, als wenn die Tiere nur in einer Zucht vertreten sind. Und profitieren können von der zunehmenden Verbreitung letztlich alle.

Die gezeigten Tiere können auch in der Würfelform immer weitere Fortschritte aufweisen. Gerade die Hennen wissen mit einer wuchtigen, aber eleganten Erscheinung zu überzeugen. Bei den Hähnen fehlt es teilweise noch an der vollen Unterlinie. Doch bei einem so jungen Farbenschlag, der auch kein farbliches Pendant bei den großen Orpington hat, müssen wir mit den gezeigten Tieren zufrieden sein. Farblich gibt es besonders im Mantelgefieder noch Arbeit. So soll der Rücken bei der Henne möglichst rein weiß sein. Auch ist dem

Kragenschluss noch mehr Beachtung zu widmen. Die Schwanzdecksäumung kann meist schon überzeugen. Bei der Schwingenzeichnung muss man noch züchterische Zugeständnisse machen. Stimmt die Würfelform, dann wirkt die richtige Zeichnung fast ganz von allein.

Nicht wenige der gezeigten Tiere können schon heute mit den Gelb-Schwarzcolumbia mithalten. Hoffen wir, dass sich noch weitere engagierte Züchter finden.

Gelb-Schwarzcolumbia

Dieser Farbenschlag hat, genau wie die Weiß-Schwarzcolumbia, kein gleichfarbiges Gegenstück bei den Orpington. Trotzdem hat gerade diese Variante in den letzten Jahren enorme Fortschritte gemacht. Farbliche Anleihen bei der Großrasse sind hier also nicht möglich, was letztlich in dieser Frage den Einsatz anderer Rassen erforderlich macht und somit eine zusätzliche Schwierigkeit bedeutet. Jahrelang wollte es nicht so recht vorangehen, doch die hartnäckige Zuchtarbeit der treuen Anhänger trägt nun ihre Früchte. In beiden Geschlechtern sahen wir in jüngerer Vergangenheit in Form und Farbe überzeugende Exemplare. Während die Unterlinien mit der tiefen Brustpartie bei den Hennen gefestigt sind, gibt es bei den Hähnen noch Nachholbedarf. In beiden Geschlechtern ist auf breitere Körper hinzuarbeiten und die Abschlüsse sind in puncto Breite, Anstieg und Eindeckung weiter ein Zuchtschwerpunkt.

1,0 Zwerg-Orpington, gelb-schwarzcolumbia (H. Dreher, Bergisch Gladbach)

Hahn und Henne sind fast übereinstimmend gezeichnet, wobei die nach außen nicht sichtbaren Farbstoffreserven zu beachten sind. Der des Öfteren ins Rötliche tendierenden Mantelfarbe der Hähne ist Einhalt zu gebieten. Bei den Hennen darf diese nicht zu dunkel, aber auch nicht strohgelb und scheckig werden. Das Untergefieder ist grau gestattet und stellt eine gewisse Farbstoffreserve dar. Hier ist das Fingerspitzengefühl des Züchters gefragt, denn Tiere mit zu hellem Untergefieder sind oftmals zu schwach in der Zeichnung, neigen zu Schilf und sind zu hell im Mantel. Kopfpunkte, Augenfarbe und Läufe stellen kein größeres Problem dar, auf zu große Kämme und schmale Zacken ist aber weiterhin zu achten.

Eine kräftige, geschlossene Halszeichnung und ein schwarzer Schwanz mit gesäumten Deckfedern auf einem gleichmäßig gelben Würfel ist in Vollendung ein sehr reizvolles Bild.

0,1 Zwerg-Orpington, birkenfarbig (R. Sohl, Rabenau)

Birkenfarbig

Der herrliche Kontrast zwischen Silberweiß und Schwarz mit käfergrünem Glanz auf einem kompakten kleinen Würfel macht in erster Linie den Reiz der Birkenfarbigen aus. Von Zeit zu Zeit sind aus verschiedenen Zuchten feine, breite Würfelformen zu sehen, es ist aber bisher noch nicht gelungen das Niveau der Besten auf eine breitere Basis zu stellen. Die Tiere dürfen im Körper nicht zu lang werden, dies steht einem typischen Würfel entgegen. Auch an der Körperhöhe muss weiter gearbeitet werden. Die Abschlüsse sind eines der wichtigsten Kriterien in der Form unserer Zwerg-Orpington, und auch bei den Birkenfarbigen liegt hier ein züchterischer Schwerpunkt. Stimmen Anstieg und Steueraufbau, dann fehlt es oftmals an der vollen Eindeckung der Schwanzpartie. Dies führt dann in der Draufsicht zu einem nach hinten schmaler werdenden Abschluss. Die schwarzen Schaftstriche im Hals dürfen keinesfalls durchstoßen, und weißen Federkielen in den Brustfedern ist entschieden zu begegnen. Die schmale Silbersäumung in der Brustpartie darf lediglich den Kropfbereich umfassen. In diesem Bereich überzeichnete Tiere mit breiter oder klatschiger, bis in die Schenkel reichender Säumung gehören keinesfalls in die Zucht. Schwarze Köpfe und zu viel Schwarz im Halsbehang der Hennen stehen einem guten Kontrast entgegen. Mattes und glanzloses Gefieder sowie Schilf sind konsequent auszumerzen. Den vermehrt recht lockeren und teilweise zu großen Kammblättern ist durch gezielte Zuchtwahl Einhalt zu gebieten. Bei den Hennen ist ein bräunliches Auge gestattet, Ziel ist aber ein orangerotes. Gleiches gilt für die bei den Hennen gestatteten grauen Läufe. Bei sonst gleichwertigen Tieren werden jene mit fleischfarbigen Läufen, die nur einen grauen Anflug haben, den Vorzug erhalten.

Auch diesem Farbenschlag sind weitere, aktive Züchter zu wünschen.

Schwarz-Weißgescheckt

Diese zu den jüngeren unter den 14 Farbenschlägen der Zwerg-Orpington zählende Zeichnungsvariante wurde in den letzten Jahren schon in sehr guter Qualität gezeigt. Waren es anfänglich recht kompakte und zarte Vertreter ihres Schlages, so sind sie in Größe, Standhöhe und Würfeltyp inzwischen schon sehr nahe an den Hauptfarbenschlägen. Die Kopfpunkte in Struktur und Größe bieten nur selten Anlass zu Kritik, ebenso die orangerot geforderte Augenfarbe. Die hellfleischfarbige Lauffarbe, mit gestatteten dunklen Flecken, bereitet eher weniger Schwierigkeiten. Formlich gilt es noch an der Federfülle im Abschluss der Hähne und im Anstieg bei beiden Geschlechtern züchterisch zu wirken. Bei den Hennen muss die unschöne Rückenpolsterbildung weiter verdrängt werden. Auch die Unterlinie darf noch etwas voller werden. Das Hauptinteresse liegt aber in der Zeichnung. Eine sattgrün glänzende Grundfarbe wird bei beiden Geschlechtern verlangt, wobei der Hahn, bedingt durch die Federstruktur, noch intensiver wirkt, dafür ist er in der Zeichnung aber dunkler. Diese sollte möglichst gleichmäßig über den ganzen Körper verteilt sein und auf jeder Feder als weiße Spitze erscheinen. Rostige oder matte Hauptfarbe trifft man nur ganz selten an, ebenso überzeichnete

0,1 Zwerg-Orpington, schwarz-weißgescheckt (Olaf Metzner, Neustadt)

Tiere mit zu vielen rein weißen Federn in Schwingen, Steuerfedern und Schwanzeindeckung. Eine gleichmäßige Scheckung ist das Zuchtziel, ohne zu hohe Ansprüche an Farbfeldabgrenzung und Tupfengröße zu stellen. Häufiger treten noch Hennen mit stark aufgehellten Kopf- und Halspartien auf, wodurch der Gesamteindruck beeinträchtigt wird und ein Zwerg-Orpington als Formhuhn an Eleganz verliert.

Braun-Porzellanfarbig

Fast 50 Jahre begleitet uns dieser hochinteressante Farbenschlag und er ist nach wie vor eine echte züchterische Herausforderung für ausdauernde und ambitionierte Zuchtfreunde. Als „Bunte" wurden sie 1976 anerkannt, und noch heute kann man das hartnäckige Erbe ihrer Ahnen, der Zwerg-Sussex, von Zeit zu Zeit erkennen. Körpertiefe und -breite, verbunden mit einem breiten und gleichmäßigen Anstieg, sind die häufigsten Wünsche in der Form. Das füllige Körpervolumen der Einfarbigen ist aufgrund der härteren gezeichneten Feder schwerer zu erreichen. Die Kopfpunkte können meistenteils gefallen, wobei aber in einigen Zuchten auf übergroße Kämme und Kehllappen geachtet werden muss. Die Emaille in den Ohrlappen der Hennen ist zurückgegangen, aus dem Blickfeld darf man diesen Fehler bei der Selektion der Jungtiere jedoch nicht verlieren. Das orangerote Auge und die hellfleischfarbige Lauffarbe bereiten kaum noch Probleme und lassen bei der Bewertung keine Nachsicht zu.

Im Geschlecht bedingt ist die Tatsache, dass die Hähne in der rotbraunen Grundfarbe etwas intensiver sind und dadurch dunkler als die Hennen. An einer satten, gleichmäßigen und reinen Grundfarbe ist zu arbeiten und der schwarze, grün glän-

0,1 Zwerg-Orpington, braun-porzellanfarbig (J. Mikkelsen, Hjorring, DK)

zende Endtupfen jeder Feder, in dem sich eine weiße Perle befindet ist, das Idealziel. Diese Zeichnung, gleichmäßig über den ganzen Körper verteilt, ist eine Augenweide, aber leider nicht einfach zu erreichen.

Diesem herrlichen Farbspiel sind dringend neue, ambitionierte Züchter zu wünschen. Denn ihre Zahl ist auch in den vergangenen Jahren stets nur gering gewesen.

Gelb-Schwarzgesäumt

Der jüngste und für den Betrachter sehr attraktive Farbenschlag fand 1999 seine Anerkennung und ist auf dem besten Wege dazu, den bei den großen Vettern der gleichen Farbe erreichten Beliebtheitsgrad zu finden. Das in der Geflügelwelt recht seltene Farbspiel, verbunden mit der attraktiven Würfelform, spielt dabei sicher die entscheidende Rolle. Natürlich lässt die Ausgeglichenheit in Form und Farbe noch zu wünschen übrig, das kann nach wenigen Jahren des Bestehens auch gar nicht anders sein. Der für den Betrachter sehr attraktive Farbenschlag fand 1999 seine

1,0 Zwerg-Orpington, gelb-schwarzgesäumt (A. Harlos, Marienfels)

Anerkennung und hat den bei den großen Vettern der gleichen Farbe erreichten Beliebtheitsgrad längst erreicht. Zahlenmäßig sind die Gelb-Schwarzgesäumten mittlerweile so stark vertreten, dass sie auf mancher Schau die Gelben vom ewigen Platz Zwei der stärksten Farbenschläge nach den Schwarzen verdrängt haben.

Weitere Farbenschläge?

Schon seit mehr als einem Jahrzehnt wird an der Erzüchtung der Rebhuhnfarbig-Gebänderten gearbeitet. Doch bislang ist die Anerkennung in Deutschland noch nicht erfolgt. Zu unterschiedlich sind die gezeigten Tiere, die aus mehreren Zuchten stammen.

In Dänemark sind mittlerweile die Blau-Schwarzgescheckten anerkannt. Sie sind aus den Fehlfarben der Blau-Gesäumten entstanden. Auf sehr hellem blau-grauem Federgrund befindet sich eine schwarze Scheckenzeichnung. Silber-Schwarzgesäumte sind in Italien anerkannt, aber ebenso wie bei den in der Schweiz anerkannten Rebhuhnfarbig-Gebänderten kann man nur spekulieren, ob es sie dort in größerer Zahl und ansprechender Qualität gibt.

Die besondere Form unserer Zwerg Orpington und das weiche, flaumreiche Gefieder setzen den Bemühungen um neue Farbenschläge Grenzen. Dennoch werden auch in naher Zukunft neue Kreationen erscheinen. Das A und O ist und bleibt aber die Würfelform, der diese dann erst gerecht werden müssen! Alle Farbenschläge in farblicher Vollendung auf einen perfekten kleinen Würfel zu bringen, ist das anspruchsvolle Zuchtziel der Zwerg-Orpington-Züchter. Um diesem Ziel näher zu kommen, ist jeder Mitstreiter willkommen. Nur eine breite Zuchtbasis und eine kollegiale Zusammenarbeit von Züchtern und Preisrichtern werden letztendlich die erhofften Fortschritte bringen.

Der Sonderverein der Züchter der Zwerg-Orpington

Die eigenständige Geschichte des SV der Zwerg-Orpington begann anlässlich der Deutschen Junggeflügelschau am 20. Oktober 1956 in Hannover. Bis dahin wurden unsere Zwerge vom SV Deutscher Orpingtonzüchter, welcher 1907 in Dresden gegründet wurde, mitbetreut. Sieben entschlossene Züchter gründeten den Sonderverein der fortan für eine gute Verbreitung der Rasse sorgte.

Den SV Vorsitz hatten inne:

Jobst von Veltheim, Glentorf
1956 – 1958

Herbert Heilmann, Niedernwöhren
1958 – 1963

Willi Meier, Stadthagen
1963 – 1976

Heinz Gerland, Rodenberg
1976 – 1982

Eberhard Buck, Minden
1982 – 1996

Helmut Meyer, Walsrode
1996 – 1999
Jürgen Schellschmidt, Plessa
1999 – 2020
Olaf Metzner, Neustadt am Rübenberge
seit 2020

Die Mitgliederzahlen entwickelten sich kontinuierlich, unterlagen aber einigen Schwankungen. Heute sind rund 160 Züchter im SV organisiert. Seit 1964 wird der Titel eines SV Meisters vergeben, heute in jedem anerkannten Farbenschlag anlässlich der jährlichen Hauptsonderschau. Sonderschauen sind grundsätzlich der Nationalen Bundessiegerschau, der Deutschen Zwerghuhnschau, der Deutschen Junggeflügelschau in Hannover und der LIPSIA in Leipzig angeschlossen. Weitere finden regional verteilt statt, um möglichst vielen Züchtern unserer Rasse eine Ausstellungsmöglichkeit zu bieten.

Den größten Auftrieb an Zwerg-Orpington gab es bisher bei den gemeinsamen Hauptsonderschauen mit dem SV Deutscher Orpingtonzüchter. In Alzey stand 1992 die Rekordzahl von 592 Tieren, es folgen 469 in Recklinghausen (2001) und 427 in Fallingbostel (1996). 1983 wurde in Hannover der goldene Siegerring auf Zwerg-Orpington vergeben und durch Anton Delker mit dem gelben Farbenschlag errungen.

Seit 2010 finden regelmäßig rassebezogene Europaschauen für Orpington und Zwerg-Orpington statt, zuletzt 2019 im niederländischen Tiel. 2012 feierten die Zwerg-Orpington ihren 100. Geburtstag, denn 1912 wurden sie erstmals ausgestellt. Anlässlich dieses Jubiläums wurde vom VZV der „Große Preis der Zwerghuhnzucht“ auf der Zwerghuhnschau im Ulm vergeben. Glücklicher Gewinner war Michael Merget, Karlstein, mit schwarzen Zwergen. Sechs Jahre später wurde zur 100. Nationalen in Leipzig die Goldene Henne des HK-Verlages auf Zwerg-Orpington vergeben. In die Wertung kamen die besten fünf Jungtiere eines Farbenschlages. Zuchtfreund Bent Nielsen aus Dänemark nahm die Goldene Henne für seine schwarzen Zwerge mit nach Hause.

Schon heute blickt die Züchterschaft gespannt auf das Jahr 2026. Dann wird der Goldene Siegerring erneut, nach 1983, auf Zwerg-Orpington vergeben. In vielen Zuchten wird schon jetzt für dieses Ereignis gearbeitet.

Bedingt durch die Teilung Deutschlands bestand in der ehemaligen DDR die Spezialzuchtgemeinschaft (SZG) Deutscher Orpington und Zwerg-Orpingtonzüchter und zwar bis zur Wiedervereinigung, die letztlich zur Auflösung derselben im Jahr 1991 führte. Die interessierten Züchter von großen und kleinen Orpington schlossen sich nun den beiden Sondervereinen der alten Bundesländer an. Diese Geschichte ist an anderer Stelle in dieser Broschüre ausführlich erläutert, deshalb hier nur einiges zur Entwicklung der Zwerg-Orpington in der DDR.

Anerkannt waren bis 1990 fünf Farbenschläge und zwar die schwarzen, gelben, weißen, blauen und gestreiften. Lediglich die gestreiften kamen als neuer Farbenschlag zu den vier etablierten dazu, welche von Anfang an standardisiert waren. Größte Verbreitung hatten auch hier die schwarzen und es folgten gelbe, blaue, weiße und gestreifte.

Der Zuchtstand zwischen den einzelnen Farben differierte teilweise beträchtlich, doch gab es immer wieder Spitzentiere von herausragender Qualität zu sehen. Die größte in der DDR gezeigte Tierzahl bei den Zwerg-Orpington gab es anlässlich der Hauptsonderschau im Januar 1984 in Dresden. Hier wurden 138 Tiere in den fünf anerkannten Farbenschlägen gezeigt. Nur geringfügig weniger waren es 1985 in Leipzig (134) und im Januar 1982 in Dresden (124). Diesen Zeitraum, der in den 70-er Jahren begann, kann man durchaus als

Hochzeit der Zwerg-Orpingtonzucht im Osten bezeichnen.

Bei der Betrachtung von Tierzahlen auf DDR Schauen sollte man aber berücksichtigen, dass es insbesondere bei den Großschauen oftmals Beschränkungen gab.

Die Zwerg-Orpington haben sich in fast einem Jahrhundert im Reigen der Zwerghühner einen festen Platz gesichert. Die einmalige Würfelform und das breite Farbspektrum regen immer wieder neue Züchter an, sich mit ihnen zu beschäftigen. Oftmals wird aus dieser Liebe auf den ersten Blick eine lebenslange Züchterleidenschaft.

Der Vorstand und die Regionalzuchtwarte des SV stehen Interessenten in allen Teilen der Bundesrepublik als kompetente Ansprechpartner zur Verfügung. Umfangreiche Informationen sind auch im Internet unter www.zwerg-orpington.de zu finden. Der Vorstand im Jahr 2023 setzt sich aus folgenden Zuchtfreunden zusammen:

Vorsitzender
Olaf Metzner
Fritz-Blume-Weg 26
31535 Neustadt am Rübenberge
Tel.: (0 50 32) 6 52 97

2. Vorsitzender
Jürgen Plänitz
Rübekampstraße 13
31552 Rodenberg/Deister
Tel.: (0 57 23) 58 35
E-Mail:
regionnordwest@zwerg-orpington.de

Geschäftsführer
Holger Strack
Miehlener Straße 19
56355 Bettendorf
Tel.: (0 67 72) 16 05
E-Mail:
geschaeftsfuehrer@zwerg-orpington.de

2. Geschäftsführer
Wolfgang Mank
Friedhofstraße 10
35469 Allendorf/Lumda
Tel.: (0 64 07) 40 40 34
E-Mail:
wmank@zwerg-orpington.de

Hauptzuchtwart
Jens Tammen
Bahnhofstraße 2
26624 Südbrookmerland
Tel.: (0 49 42) 33 92

Schriftführer
Michael Merget
Hauptstraße 14
63791 Karlstein/Main
Tel.: (0 61 88) 69 38
E-Mail:
schriftfuehrer@zwerg-orpington.de

Literaturverzeichnis

Baldamus, A.C.E. – Beeck: Illustriertes Handbuch der Federviehzucht, Berlin 1908
Blancke, Dr. B.: Unser Hausgeflügel, 1. Teil, Berlin 1903
Blancke, Dr. B., und Mantel, Dr. K.: Geflügelzucht, Stuttgart–Berlin 1950
Bödecker, Ernst: Das Geflügelbuch, Frankfurt an der Oder 1921
Bund Deutscher Rassegeflügelzüchter: Deutscher Rassegeflügel-Standard; Nürnberg 1995
Bund Deutscher Rassegeflügelzüchter: Deutscher Rassegeflügel-Standard, 1. Erg.-Lfg., Nürnberg 1996
Bund Deutscher Rassegeflügelzüchter: Deutscher Rassegeflügel-Standard, München 1966, 1974, 1984
Bungartz, J.: Nutzhühner, Berlin 1921

Cremat, W.: Lehrbuch der Nutzgeflügelzucht, Groß-Lichterfelde 1907

Daubenthaler, Rolf, und Platzbecker, Martin: Die Orpington mit ihren Farbenschlägen, Eigenverlag des SV Deutscher Orpingtonzüchter, 1997
Daubenthaler, Rolf, und Wolff, Heinz: Entstehung, Entwicklung und Zuchtstand der Orpington, Waldbüttelborn 1983
Dürigen, Bruno: Die Geflügelzucht, Berlin 1921

Juhre, F., und Dr. Schacht: Das Geflügelbuch, Berlin 1954
Juhre, F.: Kleintierzucht und Kleintierhaltung, Berlin 1950

Kleffner, Wilhelm: Unser Hausgeflügel, Berlin 1925
Koschatzky, Walter: Die Kunst der Zeichnung, Salzburg 1977
Kramer, Rudolph, und Schachtzabel, Emil: Tagebuch der Rassegeflügelzucht, Halle an der Saale 1926
Kramer, Rudolph: Kramers Taschenbuch der Rassegeflügelzucht, überarbeitet von Wilhelm Kleffner und Arthur Wulf, Würzburg 1908
Krebs, Wolfgang: Beurteilungsfibel für Geflügelzüchter, Stuttgart–Berlin, ohne Jahr

Meißner, Kurt A.: Geflügelbuch, Dresden 1938

Prybyl und Dürigen: Prybyl-Dürigen's Geflügelzucht, Berlin 1919

Reichsfachgruppe Ausstellungsgeflügelzüchter: Die Musterbeschreibungen des Groß- und Wassergeflügels der Hühner und Zwerghühner, Leipzig 1943

Sage, Margarete: Kurzer Leitfaden für die Geflügelzucht, Neudamm 1922
SZG Deutscher Orpingtonzüchter: Zuchtrichtlinien für Orpingtons und Zwergorpingtons, Dresden 1952

Trost, R. S.: Geflügelzucht und Geflügelhaltung für den Landwirt und andere Geflügelfreunde, Remagen 1930

Ulrich, Dr. R.: Das Haus- und Nutzgeflügel, Hannover 1918

Veltheim, Jobst von: Orpington und Zwerg-Orpington, Reutlingen 1967
Verlag Fritz Pfenningstorff: Rassebeschreibungen der Hühner und des Großgeflügels, Stuttgart–Berlin 1952
Verlag Jürgens: Die Musterbeschreibungen des Groß- und Wassergeflügels, der Hühner und Zwerghühner, München 1951

Wandelt, Rüdiger, und Wolters, Josef: Handbuch der Hühnerrassen, Bottrop 1969
Wolff, Heinz, und Buck, Eberhard: Orpington und Zwerg-Orpington, Reutlingen 1996
Wulf, Arthur: Die schwarzen Orpingtons, in: Der Lehrmeister im Garten und Kleintierhof, Leipzig 1927
Wulf, Arthur: Rassebeschreibungen, Leipzig 1927
Wulf, Arthur: Geflügelbuch, Leipzig 1926
Wulf, Arthur: Die Orpington, Chemnitz 1927

sowie verschiedene Beiträge aus Fachzeitschriften:

Allgemeine Geflügel-Zeitung, Bochum
Der Geflügelzüchter, Frankfurt am Main
Deutscher Geflügelhof, Oldenburg
Deutsche Geflügel-Zeitung, Berlin
Deutscher Kleintier-Züchter, Reutlingen
Geflügel-Börse, Leipzig/München
Geflügel-Welt, Hannover
Geflügelzeitung, Berlin
Die Tierwelt, Zofingen
Schweizerische Geflügelzeitung
Süddeutsche Tierbörse, Ulm
Thüringer Kleintierzüchter, Meuselwitz